内蒙古自治区高等级公路建设施工标准化指南系列

内蒙古自治区高等级公路建设施工标准化指南

第十分册　环保

内蒙古自治区交通运输厅
交通运输部公路科学研究所　组织编写

人民交通出版社股份有限公司
China Communications Press Co.,Ltd.

内容提要

本书为“内蒙古自治区高等级公路建设施工标准化指南系列”第十分册环保，编制目的是为了在内蒙古自治区高等级公路项目建设中统一环境保护的指导思想，贯彻人造环境融于周围大环境、最大限度恢复自然生态的理念。本书汲取了内蒙古自治区高等级公路施工管理中的成功经验，同时借鉴了其他省区高等级公路工程管理的科学方法，系统地从高等级公路项目建设环境保护职责、高等级公路项目建设环境保护范围、高等级公路项目建设环境保护措施、高等级公路项目建设生态绿化工程、高等级公路项目建设声屏障工程、高等级公路项目建设附属区生活污水处理工程、高等级公路项目建设桥面径流处理工程等方面，介绍了公路施工环境保护中的规范措施和管理方法。

本书适用于内蒙古自治区新建、改(扩)建高等级公路项目建设的环保标准化施工管理，也可供内蒙古自治区公路工程各参建单位、参建人员使用。

图书在版编目(CIP)数据

内蒙古自治区高等级公路建设施工标准化指南. 第十分册，环保 / 内蒙古自治区交通运输厅，交通运输部公路科学研究所组织编写. — 北京：人民交通出版社股份有限公司，2016.1

(内蒙古自治区高等级公路建设施工标准化指南系列)

ISBN 978-7-114-12948-3

Ⅰ. ①内… Ⅱ. ①内… ②交… Ⅲ. ①等级公路—道路施工—标准化管理—内蒙古—指南②等级公路—道路施工—环境保护—内蒙古—指南 Ⅳ. ①U415.1-62

中国版本图书馆 CIP 数据核字(2016)第 077220 号

内蒙古自治区高等级公路建设施工标准化指南系列

Neimenggu Zizhiqu Gaodengji Gonglu Jianshe Shigong Biaozhunhua Zhinan Di-Shi Fence Huanbao

书　　名：内蒙古自治区高等级公路建设施工标准化指南　第十分册　环保
著 作 者：内蒙古自治区交通运输厅　交通运输部公路科学研究所
责任编辑：司昌静　钱　堃
出版发行：人民交通出版社股份有限公司
地　　址：(100011)北京市朝阳区安定门外外馆斜街 3 号
网　　址：http：//www.ccpress.com.cn
销售电话：(010)59757973
总 经 销：人民交通出版社股份有限公司发行部
经　　销：各地新华书店
印　　刷：北京市密东印刷有限公司
开　　本：880×1230　1/16
印　　张：4.5
字　　数：93 千
版　　次：2016 年 1 月　第 1 版
印　　次：2016 年 1 月　第 1 次印刷
书　　号：ISBN 978-7-114-12948-3
定　　价：22.00 元
(有印刷、装订质量问题的图书由本公司负责调换)

本册编写人员

主　　编： 王　骁

副 主 编： 李　江　李星亮

参编人员： 王　杰　康爱国　韩　磊　余胜军
陈德智　周震宇　安春英　沈　毅
姜云花　傅燕峰　康新胜

前　言

“十二五”期间，内蒙古自治区高等级公路建设事业取得了长足发展，“十三五”期间高等级公路建设任务依然十分繁重。为进一步规范公路建设项目施工管理，提高工程管理和技术水平，确保工程质量和施工安全，提升行业文明形象，同时响应交通运输部《关于开展高速公路施工标准化活动的通知》(交公路发〔2011〕70号)要求，并结合2011年推行的《内蒙古自治区高速和一级公路施工标准化管理指南(试行)》及内蒙古自治区高等级公路施工的实际情况，内蒙古自治区交通运输厅组织编写了《内蒙古自治区高等级公路建设施工标准化指南》(以下简称《指南》)。《指南》共十一分册，分别为：工地建设、工地试验室、路基工程、路面工程、桥梁工程、隧道工程、交通安全设施、房建工程、安全生产、环保、管理。

本《指南》主要依据国家、工程建设标准化协会、交通运输部及内蒙古自治区交通运输厅等工程建设主管部门发布的与公路工程建设相关的文件、标准、规范、规程、指南和行业内采取的成熟、先进的施工工艺及管理办法，以及内蒙古自治区高等级公路施工管理中的特点和先进经验编写而成。

本《指南》未提及的，请参照现行相关的标准、规范、规程、规定执行。

本分册为《指南》第十分册环保，汲取了内蒙古自治区高等级公路施工管理中的成功经验，同时借鉴了其他省区高等级公路工程管理的科学方法。本分册共有八章内容，包括：总则、高等级公路项目建设环境保护职责、高等级公路项目建设环境保护范围、高等级公路项目建设环境保护措施、高等级公路项目建设生态绿化工程、高等级公路项目建设声屏障工程、高等级公路项目建设附属区生活污水处理工程、高等级公路项目建设桥面径流处理工程。本分册由内蒙古自治区交通运输厅、交通运输部公路科学研究所主编。由于编制时间和编制水平所限，书中如有不妥甚至错误之处，请广大读者不吝指正。

本《指南》可供内蒙古自治区公路工程各参建单位、参建人员使用。各盟市对其中有关的具体指标可根据实际情况进一步细化和强化要求，对未尽事宜应予以补充完善。各有关单位和从业人员在使用本分册时，如发现问题或提出改进意见，请函告内蒙古自治区交通运输厅(地址：呼和浩特市地质南街68号，邮编：010010，联系电话：0471-6968635，电子邮箱：bgs@nmjt.gov.cn)或交通运输部公路科学研究所(地址：北京市海淀区西土城路8号，邮编：100088，联系电话：010-62079067，电子邮箱：jiang.li@rioh.cn)。

内蒙古自治区交通运输厅

2015年11月

目　　录

1 总则

1.1 目的及意义

环境保护是我国的一项基本国策。高等级公路项目建设的环境保护,是指按照国家、地方法规和行业、企业要求,合理利用、保护项目建设资源和生态环境,防止环境的污染和破坏,以求公路项目建设与环境保护全面协调发展。

为在内蒙古自治区高等级公路项目建设中统一环境保护的指导思想,贯彻人造环境融于周围大环境、最大限度恢复自然生态的理念,结合内蒙古自治区高等级公路项目建设环境保护的特点,特制定本指南。

1.2 编制依据

(1)国家、交通运输部等工程建设主管部门颁布的与公路工程建设环境保护有关的文件、法律、法规、规范、规程、标准和指南。

(2)内蒙古自治区颁布施行的有关公路施工环境保护管理的规定。

(3)全国高等级公路成熟的建设经验和行业内经实践证明的先进的新材料、新技术、新工艺和管理办法。

1.3 适用范围

本指南适用于内蒙古自治区新建、改扩建高等级公路(本指南"高等级公路"是指高速公路、一级公路)项目建设的环保标准化施工管理,其他等级公路(本指南"其他等级公路"是指二级及二级以下公路)可参照执行。

1.4 基本要求

(1)有计划地进行环境保护,控制环境污染,采取措施控制项目建设过程中对国土资源和生态的破坏,以及控制建设过程中产生的各种粉尘、废水、废气、固体废弃物以及噪声、振动等对环境的污染和危害。

(2)高等级公路项目建设过程中,重点生态功能区、生态环境敏感区和脆弱区等生态保护红线区的自然生态用地不可转换为非生态用地,生态保护的主体对象保持相对稳定;生态保护红线区内的自然生态系统功能能够持续稳定发挥,退化生态系统功能得到不断改善;生态保护红线区边界保持相对固定,区域面积规模不可随意减少;生态保护红线区的林地、草地、湿地、荒漠等自然生态系统按照现行行政管理体制实行分类管理,各级地方政府和相关主管部门对红线区共同履行监管职责。

(3)本指南所列的标识标牌有文字说明的,均应做蒙汉双语对照;附录所列图均为示意图。

(4)公路建设、运营过程中积极推广应用节能减排技术,如隧道零开挖进洞、沥青拌和设备“煤(油)改气”技术、附属设施太阳光伏供电技术、隧道LED节能照明及职能照明调控技术、ETC大面积推广使用等。

(5)在使用和执行本指南过程中,应严格执行现行的相关技术标准、规范、规程、规定;在应用过程中如有更新,应以最新发布的内容为准。本指南未提及的,请参照现行相关的技术标准、规范、规程、规定执行。

2　高等级公路项目建设环境保护职责

2.1　建设单位的职责

(1)贯彻公路建设项目环境保护(简称“环保”)和水土保持(简称“水保”)相关法律、法规、标准和规定的程序,执行环保、水保主管部门批准的《公路项目环境影响评价报告》和《公路项目水土保持方案》等,指导审核监理单位制定的《施工期工程环境监理实施细则》。

(2)保障公路建设项目永久用地和临时用地,避免穿越法定的或特殊保护的环境敏感区。对受条件限制必须穿越自然保护区实验区、风景名胜区核心景区以外范围、饮用水水源二级保护区或准保护区的,必须事先征得环保、水利、国土、农业等相关部门的同意。

(3)负责组织审核施工图设计是否执行有关环境保护和水土保持法律、法规、标准。

(4)检查和监督施工单位是否严格按照合同的要求,落实各项环保措施。开展环境保护日常巡查工作,发现环保问题则下达限期整改、停工整顿的工作指令,监督环保问题的纠正落实。

(5)检查监理单位是否履行环境保护的监理责任,监督监理单位定期提交的《工程环境监理报告》。

(6)负责指挥施工现场环保紧急事件的应急处置。

(7)负责组织工程交工的环保、水保恢复验收,配合各级交通、环保、水利主管部门的环境影响后评价工作。

2.2　监理单位的职责

2.2.1　环境保护监理应遵循的原则

(1)从事工程环境保护监理活动,应当遵循守法、诚信、公正、科学的准则。

(2)确立环境保护监理是“第三方”的原则,应当将环境监理和建设单位的环境管理、政府部门的环境监督执法严格区分开来,并为建设单位的环境管理和政府部门的环境监督服务。

2.2.2　环境保护监理人员素质要求

(1)环境保护监理是一门新兴的交叉学科,具体从事环境保护监理工作的监理人员,应有一定的环境保护或工程技术方面的专业技术能力,能够对工程建设进行监督管理,提出指导性意见。

（2）环境保护监理应有一定的组织协调能力，在工程与环保有联系和交叉时，起到协调和指导作用。

2.2.3　监理单位的任务

（1）进场后28d内并在签发开工令前，负责按批准的《公路项目环境影响评价报告》和《公路项目水土保持方案》，编制全路段的《施工期工程环境监理实施细则》。编制完成后上报建设单位，审核通过后发布实施。

（2）负责审批施工单位提交的施工组织设计、施工方案、专项施工方案中的环境保护措施。

（3）对工程建设过程中污染环境、破坏生态的行为进行监督管理，定期检查施工单位的环保和水保措施的落实情况，开展日常巡视检查工作，发现环保问题，及时下达限期整改监理指令或暂时停工令，纠正违规问题。

（4）对工程建设配套的水处理、声屏障、绿化等环保工程进行监督管理，采用质量监理程序，实施开工审批、过程质检和完工验收评定。

（5）参与指挥施工现场环保紧急事件的应急处置。

（6）应每月月底前汇总编制所辖合同段的《工程环境监理报告》，上报建设单位。

（7）参与验收所辖路段施工临时用地的复垦归还，以及非耕地原生态地面植被的恢复情况。

2.3　施工单位的职责

（1）项目部环境保护工作应遵循“预防为主，防治结合”“谁污染谁治理”“强化过程控制”的原则，实施“纵向管理责任到底，横向管理责任到边”的环境保护保证体系，如图2-1所示。环境保护文件如附录A所示。

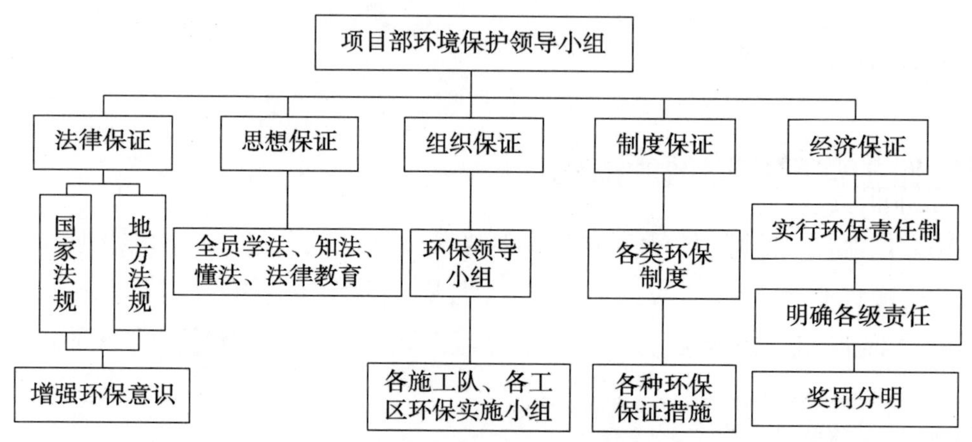

图2-1　施工单位环境保护保证体系

（2）施工单位必须对建设单位提供的图纸及相关技术文件加强审查，有异议或建议的应及时书面提出。

(3)施工单位应对施工现场的环境保护和水土保持负直接管理责任,负责对施工期间的施工方面的环境保护工作进行全面管理。

(4)负责施工期环保监控措施的组织实施。

(5)负责事前制订内部管理的环境保护、水土保持、耕地保护等制度,落实各级相应管理责任,建立定期和不定期检查制度,及时纠正处理已发现的环保、水保问题。

(6)施工单位应主动接受环保、交通运输主管部门的行政监督,主动接受建设、监理单位的现场监督管理。

(7)工程竣(交)工后至缺陷责任期终止前,负责组织验收所属部门的施工临时用地的复垦归还,恢复非耕地原生态地面植被,确保所辖路段竣工前的环保、水保验收合格。

(8)负责按照突发事件应急抢险救援预案批准的办法和程序,及时处置施工期的环境破坏和污染事故。

(9)施工单位环保管理制度。

①项目经理职责。

A.负责贯彻执行国家、行业、地方政府环境保护方面的法律、法规、方针和政策。

B.负责本项目环境管理体系的建立、保持和实施。

C.负责组织进行环境因素和危险源的识别,控制重大环境因素和安全风险。

D.保证环境体系运行所需资源。

②项目副经理职责。

A.协助项目经理工作,贯彻实施环境保护方针和环境保护目标,协助建立、完善环境管理体系,确保其有效运行。

B.组织生产过程中,按照环境保护的相关保证措施要求,进行督促、检查和指导。

C.负责配备足够的工程项目施工管理过程中的环境保护资源,进行生产进度、成本的管理,保证体系的运行。

D.负责配备满足要求的各类管理人员,建立健全的项目各级人员的环境管理职责。

E.负责各分部环境管理的考核和评定。

F.负责组织项目管理体系的运行自检,进行内部沟通。

G.组织对环境保护事故的调查处理。

③总工程师职责。

A.协助项目经理工作,贯彻实施环境保护方针和环境保护目标,协助建立、完善管理体系,确保其有效运行。

B.组织制订预防和纠正措施,并验证结果。

C.负责运行环境管理体系和对有关环境人员的培训、意识和能力的评价。

④综合办公室职责。

A.负责组织项目的环保宣传、教育及培训,将环境培训教育计划纳入员工培训教育计划。

B.参与识别、评估和确定重要环境因素及制订重要环境因素、重大污染源管理方案、实施细则和应急预案。

⑤安全环保部职责。

建立由项目经理参加的安全环境管理组织机构，制订环保措施，实行项目经理部、施工队分级管理制度，负责检查、监督各项环保工作的落实。明确各级、各部门在环境保护工作中的职责分工，并配专职管理人员，专门负责检查、督促各项环保工作。

⑥工程技术部职责。

A.负责施工全过程环境保证体系的控制。

B.负责项目环境管理目标、管理方案、实施细则及应急预案的制订和实施。

C.负责环境管理的具体运作。

D.负责环境因素的识别、评价、更新管理。

E.负责获取、评价和更新项目重要环境因素适用的环境法律、法规与其他要求。

F.负责组织环境严重不合格的纠正与预防措施的制订，并跟踪验证其实施结果。

G.参加体系运行考核，重点检查环境保护管理体系运行。

⑦质检部职责。

A.贯彻实施环境保护方针和环境保护目标，协助建立、完善环境管理体系，确保其有效运行。

B.负责对有关环境保护方面法律、法规及其他要求的识别与传递。

C.负责制订环境保护管理方案，并保存记录。

D.参与环保事故的调查与处理。

E.参加体系运行考核，督促、检查环保措施的落实，对整改情况进行验证。

F.对单位和个人提出环保奖惩建议，提交领导小组审核。

G.配合地方环境管理部门的检查工作。

⑧物资设备部职责。

A.对有毒、有害物品进行严格管理。

B.负责各种材料的节约、回收和再利用。

C.负责对各种环保所需材料的采购和管理。

⑨财务部职责。

A.负责保证环保工作所需经费，并监督其使用。

B.建立环保经费使用台账。

(10)施工单位环保规划制度。

①施工前对施工区域的自然环境和生态环境情况进行详细调查。

②根据国家、交通运输部、地方政府有关环保法律、法规、规定，结合建设单位有关环保管理办法，制订环境保护的具体目标。

③对施工现场的施工便道、弃土场地、施工用地等临时用地应进行合理、详细的规划，尽可能减少对环境的破坏。

④制订相应环境保护、水土保持的实施措施(包括保护自然保护区、野生动植物，防止水土流失、水污染、维护生态平衡系统和土壤生物(即避免土壤沙化)，避免人为恶化环境等)，并监督落实。

(11)施工单位环保宣传教育制度。

①项目部对环保知识、意识的培训和教育工作实行分级负责、统筹安排,将环保培训教育计划纳入员工培训教育计划。

②项目部侧重对项目部人员进行教育工作。

③各分部负责对员工和劳务工进行现行《中华人民共和国环境保护法》《中华人民共和国水污染防治法》《中华人民共和国大气污染防治法》《中华人民共和国环境噪声污染防治法》《中华人民共和国固体废物污染环境防治法》等法律、法规,以及所在地政府和上级的有关环境保护规定的学习教育。

④对全体员工进行岗前环保知识教育,使全体员工熟悉环保法规、标准和管理办法,掌握本岗位的环境影响因素,提高环保意识。

⑤驻地和施工工地应进行必要的标语、图片、文字宣传,教育员工和劳务工树立"爱护地球、保护自然生态、环保从我做起"的思想(可参考附录 E 中附图 E-1 和附图 E-2)。

⑥使用新技术、新工艺、新材料、新设备前,必须组织有关人员进行相关环境影响评价、控制的技能培训。

⑦各项环保活动应目标明确、安排具体、力求实效、树立典型、以点带面,以此促进环境保护工作的顺利开展。

⑧各级党政工团组织应充分发挥各自的优势,紧密结合企业环境保护的形式,广泛深入开展环保宣传教育活动。

(12)施工单位环境因素评价制度。

①环境保护的策划内容应纳入实施性施工组织设计中,并按规定审批后组织实施。

②各分部在工程项目开工前,应根据识别、评价出的重要环境因素,制订相应管理方案、控制措施和紧急事件的应急预案,有效控制重要环境因素及重大环境污染源。

③对施工场地、作业场所、运输道路、生产设备与设施均应采取有效的环境保护措施。

④各分部工程管理部门应针对作业项目特点、作业环境和岗位的环境因素,编制环保技术交底,同施工技术交底一并下达至作业班组。

⑤对施工生产和生活中可能产生的污染源,制订相应的防范、控制措施,避免对施工人员造成伤害和影响驻地群众的正常生活。对生产、生活垃圾分类存放、集中控制,在指定地点或允许地点集中处理,达到防止或减少污染的目的。

⑥处于市区、风景区、保护区等对环境影响较大的施工工程项目,应组织专业人员认真研究、分析,制订环境保护技术措施及管理方案、应急预案,重要环境因素应按规定建档、登记、上报,并定期监测、评价。

⑦外部劳务人员一律纳入本单位的环境管理范畴,在施工协议中应明确双方的责任和义务,要求施工人员遵守环境法规和环保要求,积极做好环境保护管理工作。

(13)施工单位环保监督检查制度。

①按国家、地方政府、行业颁布的法律、法规、标准及项目部的管理办法进行。

②项目部根据发布的《重要环境因素清单》(可参考附录 B),确定监控重点,进行重点监控。

③环境保护检查原则上与安全检查同时进行，侧重于检查所制订的措施、管理方案的实施情况，若发现新风险，则由各分部的“重要环境因素评价小组”对新风险进行评价，确定是否为重要环境因素，并填写《环境因素调查评价表》（只上报评价为重要环境因素的部分）、《重要环境因素清单》，经负责人批准，上报项目部。

④各级部门的经常性检查、专项检查、定期检查应有详实的记录，提出整改要求后，对整改的结果应及时进行验证并做好记录。

⑤积极参加地方政府和上级组织的环境保护检查，积累环境保护管理经验，推动环境保护工作的开展。

⑥定期检查。

A.项目部应每月组织一次安全环保检查，由主管环保的副经理主持，安全环保部、工程部、办公室等部门参加。

B.各分部应每周进行一次环境保护检查，由各分部负责人主持，技术、安全环保等相关人员参加。

⑦专项检查。

安全环保部门、专（兼）职环保员对所辖生产区域、生活区域根据其评价出的重要环境因素和制订的控制措施、方案等进行专项监督检查。

⑧经常性检查。

A.各级环保员每日进行巡回检查。

B.各级管理人员在检查生产的同时检查环保工作。

⑨各分部环保人员应每月定期将检查结果进行统计分析，以书面形式报安全环保部，以促进环境保护工作的持续改进和提高。

⑩自然生态保护区、游览区等环保敏感地区，对环境因素和污染源应重点监控，按施工组织设计要求、控制措施和应急预案，对影响环境的行为应限定治理时间、内容、对象和效果，责任单位或责任人必须按限定时间治理完毕，达到环境保护要求的条件或指标。

（14）施工单位环境保护报告和监测制度。

①特殊地区的环境因素和特殊环保内容受地方政府或建设单位的监控，各分部应主动与对方取得联系，定期汇报工作，及时办理规定的监测手续。

②发生环境污染事故，按相关规定执行，在及时报告项目部的同时，分部应控制事故发展，减少事故损失和影响。

（15）施工单位奖励惩罚制度。

①项目部对各部门、各协作队伍在环保工作做出贡献的单位和个人给予表彰奖励，对造成环境事故和事件的单位与人员至少给予经济处罚，奖罚规定应明确并公示。

②符合下列条件之一的，应写出书面材料，连同有关资料、证书、文件的复印件报项目部，经审核批准给予奖励：

A.获得总公司、市、省、部、国家级环境保护荣誉称号的单位、部门、人员；

B.在环境保护工作理论、方法、实践等方面卓有建树者；

C.及时排除环境污染事故隐患，避免了重大事故发生的单位和个人；

③有下列情况之一的,给予处罚:

A.发生事故的单位及事故的主要责任者;

B.环境保护受到建设单位或地方政府通报批评或处罚的单位;

C.因环境保护事故、事件,给企业信誉造成重大影响的单位、责任者。

2.4 设计单位的职责

2.4.1 一般规定

(1)公路工程项目设计的各个阶段均应重视环境保护设计。在可行性研究阶段,应进行环境影响分析评价;在初步设计阶段,应落实环境影响评价文件提出的环境保护措施和水土保持方案;在施工图设计阶段,应根据初步设计审定意见做出环境保护工程设计。

(2)公路工程环境保护总体设计应结合工程项目自然环境、社会环境、交通需求、地区经济发展等工程建设条件,以保护沿线自然环境、维护生态平衡、防治水土流失、降低环境污染为宗旨,以环境敏感点为主,点、线、面相结合,确定环境保护总体设计原则和工程方案。

(3)公路建设项目除工程方案因素必选外,还应对该地区相关环境敏感点进行深入调查,充分研究工程与环境的相互影响,论证不同公路路线方案给沿线环境带来的不同影响。

(4)公路环境保护总体设计应满足下列要求。

①公路选线应结合地形条件,与自然环境融为一体。

②公路构造物应结合区域环境进行设计,与周围环境相协调。

③路线平、纵、横组合得当,线形均衡、行车安全,为用户提供良好的行车环境。

④公路主体及沿线设施用地规模适当,保护土地资源,有利于社会环境协调发展。

⑤防护措施合理、有效,防治水土流失,减少地质灾害对工程的影响。

⑥施工便道、便桥设计尽可能与地方路网修建相结合,尽量结合地方道路规划进行专项设计、便道永久化设计,完工后尽量留地方使用。合理安排施工组织设计,运营管理中心、服务区、管理与养护区等房建与场地,提前建设作为项目建设指挥部、驻地、库房等的临时使用设施,场地作为筑路材料等的储存放置、周转等用地。尽可能租房作为办公室、试验室、库房等。临时设施布置应远近结合、本期工程与下期工程结合,努力减少和避免大量临时建筑拆迁和场地拆迁。施工过程临时水电接入可考虑部分按永久用水用电安装。

⑦设计单位应以低碳、节能、绿色、环保为公路工程项目设计理念,积极采用新理念、新材料、新方法、新工艺,实现公路工程全寿命周期范围内的绿色低碳效益。

⑧落实环境影响评价文件提出的各项措施,对施工与运营期可能产生的声、气、水等各种污染进行综合治理。

⑨负责依据批准的《公路项目环境影响评价报告》,在初步设计阶段,通过优化路线设计和使用低噪路面结构落实源头降噪措施,通过搬迁、建筑物功能置换、设置声屏障、安装

声窗落实减噪工程技术措施。

⑩在项目设计中，依据环境影响评价文件，将各项生态环境保护措施的投资纳入工程概算。

2.4.2　设计要点

（1）公路环境保护总体设计应着重分析以下因素。

①路线及其相邻路网交通量增减变化所带来的噪声和废气的影响。

②公路工程对沿线自然环境和农田水利设施的影响，公路施工和临时工程对水土保持的影响。

③深路堑和高路堤对自然环境、边坡稳定和水土保持的影响。

④在治理工程地质病害、开挖隧道等工程时，水文地质情况改变后对周围环境产生的影响。

⑤桥梁墩台压缩河床对河道冲刷的影响。

⑥公路工程对生态环境分割所带来的影响，包括湿地保护、地表径流、动物迁徙等。

⑦路线布设与城镇规划、行政区域的相互配合及其影响。

⑧公路对不可移动文物和风景区的影响。

⑨路线与环境敏感点的距离及其影响。

（2）公路应结合地形、地物条件，针对路线所处区域的不同环境特征和不同的环境保护对象，进行相应的技术方案比选。

①在平原地区，公路环境保护设计的重点在于：

A.降低路基高度，保护土地资源；合理设置通道，减少公路对当地居民出行及景观的影响。

B.减少取土、弃土方式对土地利用方式、土壤耕作条件和农田水利排灌系统的影响。

②在地形条件复杂的山区，公路环境保护设计的重点在于：

A.重视桥涵方案的选用，减少高路堤和深路堑对自然景观、植被及地质条件的影响。

B.减少公路对珍稀动植物的影响。

C.重视路基开挖及取、弃土对水土保持的影响。

D.严禁大爆破作业及乱挖、乱弃，预防地质灾害。

E.注意路基开挖对受国家保护的不可移动文物等的影响。

F.废弃资源重复利用，实施土地综合利用，大力保护农田基本用地；清表土的存储和再利用，主要用于绿化用土；隧道及边坡开挖石质弃方的收集与再次利用，主要用于项目其他工程，尤其是路面工程中。

G.注意隧道工程对当地原有水资源的影响。

③绕城公路或接城市出入口公路环境保护设计的重点在于：

A.公路与城市规划的协调。

B.减少拆迁工程数量。

C.方便当地居民的出行。

D.选择、利用、创造、改善环境景观。

E.采取综合措施,降低交通噪声、废气、废水等对环境的污染。

(3)公路线形设计应注重安全、环保、社会等因素,科学确定技术标准,合理运用技术指标,注重下列要点:

①公路自身线形的协调、公路线形与结构物的协调及公路线形与环境的协调,公路平、纵线形组合满足汽车速度协调性的要求。

②合理控制互通式立交规模,减少工程量和占地,合理运用互通式立交匝道指标,满足车流顺畅运行的要求。

(4)路基路面设计应结合工程地质条件,因地制宜,就地取材,综合考虑下列因素:

①合理选择路基高度,有条件时宜采用低路堤和浅路堑方案,路基边坡顺应自然。

②重视路基及取、弃土场范围内的表土保护与利用。

③充分利用现有料场,新设料场应考虑其位置、开采方式、数量等对坡面植被、河水流向和水土保持等的影响。

④弃方应集中堆弃,重视弃方的位置、数量等对自然环境的影响。

⑤路基路面综合排水工程设施应自成体系,不得与当地排灌系统相互干扰。

⑥路基防护形式应根据当地的自然条件合理选用,有条件时宜采用植物防护;水土流失严重或边坡稳定条件较差时,宜采用工程防护与植物防护相结合的方法,并重视表面植被防护。

(5)公路交叉环境保护设计应根据公路网规划和相交公路状况,针对自然地形、地质条件以及社会环境等特点,结合公路交叉主体工程,综合考虑确定方案,并符合下列规定:

①互通式立交设计应在满足公路交叉使用功能的同时,考虑交叉形式、布局美观;立交区综合排水系统应与路线综合排水系统统一考虑。

②互通式立交的匝道边坡宜放缓,设土质边坡或不设边坡,贴近自然,充分与环境协调。

③互通式立交主线桥和匝道桥应进行上跨与下穿的方案比选;上跨主线结构物的跨径应合理布置,主线两侧宜设置边孔;合理确定桥上纵坡及桥头路基高度。

④分离式立交桥的结构形式应考虑行车视距和视觉效果,与周围环境相协调。

(6)桥隧环境保护设计应结合地质、水文、气象、地震等情况,考虑施工和运营环境,进行多方案论证,并满足下列要求:

①桥隧位置的选择应综合考虑接线设计,与周围山川、边谷等自然景观协调;桥梁的导流设施应自然平顺;隧道洞口总体布置应贴近自然,洞口不宜过分进行人工化修饰。

②隧址应避开或保护储水结构层和蓄水层,保护地下水径流和地表植被。

(7)服务设施、管理设施的位置、规模应充分考虑人性化,结合自然景观合理确定,其设计应满足下列要求:

①服务设施、管理设施的位置应避让饮用水源二级以上保护区。

②服务区、停车区应合理布设,充分考虑驾乘人员的需求。

③对生活污水、废弃物等应进行综合治理。

④污染防治措施应进行多方案比选。

⑤拟分期实施的防治污染设施应综合论证并注意近期和远期有机结合。

⑥结合区域路网、地形、景观和地域文化等环境进行景观设计。

2.4.3 设计内容

(1)公路工程可行性研究应重视环境影响分析和地质灾害危险性分析工作,其设计内容如下。

①通过广泛调查公路沿线的人口结构、经济发展、公共卫生、文化和基础设施、土地和矿产资源、旅游和文物古迹资源等社会环境状况,进行社会环境影响分析。

②通过全面调查公路沿线野生动植物的种类、保护级别、分布概况、生长习性及演替规律等生态环境和水土保持状况,结合公路工程实际进行生态环境影响分析。

③依据分段调查公路沿线的城镇、风景旅游区和名胜古迹及有关的环境敏感点分布状况,结合当地地形、地貌特点和既有工业污染源的排放特性进行环境空气影响分析。

④通过重点调查公路沿线的学校、城乡居民聚居区和医院、疗养院及有关的环境敏感点分布状况,结合公路施工和运营等实际情况进行环境噪声影响分析。

⑤通过深入调查公路沿线各种不良工程地质分布状况,结合公路工程设计范围进行地质灾害危险性评价,编制水土保持方案。

(2)公路工程初步设计应将环境保护要素作为方案比选论证的重要因素,落实环境影响评价文件和水土保持方案中提出的环境保护和水土保持的各项要求,合理确定路线方案。其设计内容如下。

①依据公路沿线环境敏感点的位置、影响因素和影响范围,选择相应的保护措施和方案。

②结合当地自然环境、因地制宜进行公路绿化和景观设计。

③根据声环境敏感点的性质进行噪声污染防治设计。

④针对环境影响评价文件提出的环境保护措施和水土保持方案进行环境与公路工程的协调性论证,并落实减少或避免环境侵害的实施方案。

⑤根据公路沿线设施的规模及排放标准提出经济合理的污水处理设计方案。

(3)公路工程施工图设计应根据初步设计的审定方案进行环境保护工程设计,把保护沿线自然环境、维护生态平衡、防治水土流失作为重要因素,在各专业设计中予以考虑和体现。其设计内容如下。

①在初步设计和施工图设计上,负责严格控制路基、桥涵、隧道、立交等永久占地数量,尽量减少占用耕地、林地和草地,合理设置取、弃土场和砂石料场,因地制宜做好土地恢复和景观绿化设计,做好路基土石方的平衡调配,尽量避免因高挖深填引起的水土流失。

②根据初步设计提出的环境保护措施和方案,按照公路沿线环境敏感点的特性,进行环境保护设施的施工图设计。

③对国家或地方重点保护的野生动物和放牧牲畜可能产生阻断其迁徙通道的,负责通

过设计手段,解决其通道或通行桥,消除生存环境岛屿化问题。

④完成公路绿化和景观图设计,包括互通式立交和服务区等重点工程的施工图设计。

⑤根据声环境敏感点的性质进行声屏障的施工图设计。

⑥按照初步设计提出的环境保护措施和水土保持方案进行环境与公路工程的施工图设计。

⑦根据初步设计方案进行污水处理施工图设计。

3　高等级公路项目建设环境保护范围

3.1　永久用地

(1)完善绿化、声屏障等设计功能,依据施工图实施绿化、声屏障工程,保障地表植株、植被固土,实现敏感区降噪达标。

(2)完善公路附属区污水处理、路桥面径流收集处理等工程,依据施工图实施污水处理设施、路桥面径流收集处理工程,防止污水对生态环境的污染和破坏。

(3)完善重点保护动物和放牧牲畜的迁徙或习惯性通行功能,实施专用通道或通行桥。

(4)完善防护排水的设计功能,依据施工图实施路堑、路堤边坡和隧道洞口边、仰坡防护排水工程,防止坡面和相邻地貌水土流失。

(5)确保桥下无堆土、无建筑垃圾阻塞河道、无行洪障碍;建筑红线内各作业面的垃圾全部清理干净或集中填埋,防止产生水体污染。

(6)优化服务区的建筑场地造型和景观绿化设计,服务区的设计、施工、设备类型应以绿色、生态、环保为标准,实现服务区的可持续发展。

(7)收费场区的环境保护应从其选址和规划入手,注重场区的空气流通,避免将其设置在低洼地,收费广场路基中心线与当地常年主风向顺应为最佳。必要时宜配套设置专门的通风设施,将远处的新鲜空气引入收费场区,改善收费员的工作环境。收费场区另一防污染设计就是其生活污染物的处理和排放,必须满足国家相关法规的要求。

3.2　临时用地

(1)施工中的临时用地应尽量在路线走廊中公路用地范围内布设,结合公路永久用地统筹安排;有条件时,设计中应明确临时用地的恢复方案。

(2)保障路基、隧道、桥梁工程的取土场、弃土(渣)场规划合理、使用规范,对取、弃土场必须及时完成场地平整,确保边坡坡面稳定顺适,排水通畅,完善必要的支挡防护,该复耕或恢复植被的应及时复耕和恢复植被,确保有效解决地表水土流失。

(3)各类生产生活场地集中设置,施工便道尽量利用原有道路,尽量不占或少占临时用地。施工便道应经常洒水降尘,避免尘土飞扬。

(4)料场、拌和场、预制场等临时工程,不得设在环境敏感区域内,在使用前应进行充分的压实整平和硬化。采用先进的施工设备和施工工艺,减少施工中的粉尘排放。拌和站应使用自动回收烟尘和粉尘的拌和设备。

(5)完工后及时拆除影响行洪的施工便道,应尽量恢复原地貌和生态植被。

3.3　周边影响

(1)禁止沥青拌和站设置在居民集中住宅区上风口,沥青、水泥混凝土、无机结合料拌和站必须远离居民集中住宅区,杜绝有毒气体和自加工细集料粉尘污染周边群众生产生活环境,减缓噪声对周边群众的影响。向周边群众发放问卷调查表(可参考附录C),了解项目建设对周边环境的影响,用以指导和改善环境保护措施。

(2)施工过程中的施工便道经常采取洒水降尘措施(可参考附录E中附图E-3),减缓大气污染可能对周边农作物、经济林木和牧区草地的影响。

(3)桩基冲击钻、循环钻泥浆应设置分级沉淀池,使排放水质达标。

(4)强夯、冲击碾压作业邻近居民50m范围内,以及石方爆破作业安全距离范围内的居住地,应采取临时搬迁、建筑物功能置换,解决振动、噪声对建筑物的影响。

(5)落实各种驻地生活排污处理和生活垃圾集中堆放填埋措施,杜绝直接排放。

(6)及时对借用当地道路作施工便道的结构性破损进行修复。

3.4　工程设计范围

(1)公路项目的环境保护设计贯穿于项目各阶段和主体工程设计的各个组成部分。

(2)环境敏感点与应绕避环境敏感点距离。

①环境敏感点是针对具体目标而言的,通常分为声环境、环境空气、生态环境、水环境、社会环境等各类环境敏感点。

A.声环境敏感点是指:学校、医院病房、疗养院、城乡居民点和有特殊要求的地方。

B.环境空气敏感点是指:省级以上政府部门批准的自然保护区,风景名胜区、人文遗迹以及学校、医院、疗养院、城乡居民点和特殊重要的地区。

C.生态环境敏感点主要是指:各类自然保护区、野生保护动物及栖息地、野生保护植物及生长地、水土流失重点防治区、基本农田保护区、森林公园以及成片草原与林地等。

D.水环境敏感点主要是指:河流源头、饮用水源、城镇居民集中饮水取水点、瀑布、温泉地区、养殖水体等。

E.社会环境敏感点主要是指:与城市规划协调有关的重要农田、畜牧区、水利设施,规模大的拆迁点,文物、遗址保护点。

②应绕避环境敏感点。

A.公路中心线位距声环境敏感点的距离大于100m,其中距学校教室,医院病房、疗养院宜大于200m。

B.公路中心线位距环境空气敏感点的距离,当执行环境空气一级标准时,应大于100m。

C.沥青混合料及灰土搅拌站的厂址应设立在环境空气敏感点的主导风向的下风向一侧,且距离不宜小于300m,并设置在当地施工季节最小频率风向的被保护对象的上风侧;当确实受实际条件限制时,必须报备相关单位审批,并做好相关预案。

D.公路中心线位距生态环境敏感点(针对自治区以上自然保护区而言)边缘的距离不

宜小于100m。当公路必须进入自然保护区时,应遵照国家有关规定执行。

E.公路中心线位距地表水环境质量标准为Ⅰ~Ⅲ类水质的水源地应大于100m。当路基边缘距饮用水体小于100m、距养殖水体小于20m时,应采取隔离防护措施。

F.桥位轴线距自来水厂取水口上游应大于1 000m,距下游应不小于100m。

G.公路交通环境污染的防治应采用“主动式”防治,综合考虑公路线位,以避免环境敏感点为最佳选择。

4 高等级公路项目建设环境保护措施

4.1 设计阶段与施工前的环境保护措施

(1)项目设计与施工阶段应融入绿色、环保、生态和可持续发展的理念,积极采用低碳、节能、环保的新设备、新材料、新工艺,以求公路项目建设与环境保护全面协调发展。

(2)施工前,应由取得相应资格证书的、从事环境影响评价工作的单位对项目建设进行环境影响评价。

①根据项目建设对环境的影响程度,对建设项目的环境保护实行分类管理。

A.项目建设对环境可能造成重大影响的,应当编制环境影响报告书,对项目建设产生的污染和对环境的影响进行全面、详细的评价。因建设征收或征用草原的,应当遵守国家和自治区有关环境保护管理法律法规的规定,在建设项目环境影响报告书中,应有草原环境保护方案。

B.项目建设对环境可能造成轻度影响的,应当编制环境影响报告表,对建设项目产生的污染和对环境的影响进行分析或者专项评价。

C.项目建设对环境影响很小,不需要进行环境影响评价的,应当填报环境影响登记表。

②建设项目环境影响报告书,应当包括以下内容:

A.建设项目概况。

B.建设项目周围环境现状。

C.建设项目对环境可能造成影响的分析和预测。

D.环境保护措施及其经济、技术论证。

E.环境影响经济效益分析。

F.对建设项目实施环境监测的建议。

G.环境影响评价结论。

涉及水土保持的建设项目,还必须有经相关行政部门审查同意的水土保持方案。

③建设项目环境影响报告书、环境影响报告表或环境影响登记表,由建设单位报有审批权的环境保护行政主管部门审批。

④建设项目有行业主管部门的,其环境影响报告书或环境影响报告表应当经行业主管部门预审后,报有审批权的环境保护行政主管部门审批。

⑤建设项目环境影响报告书、环境影响报告表或者环境影响登记表经批准后,建设项目的性质、规模、地点或者采用的生产工艺发生重大变化的,建设单位应当重新报批建设项目环境影响报告书、环境影响报告表或者环境影响登记表。

⑥建设单位可采取公开招标的方式,选择从事环境影响评价工作的单位,对建设项目

进行环境影响评价。

⑦建设单位编制环境影响报告书，应当依照有关法律规定，征求建设项目所在地有关单位和居民的意见。

⑧环境保护设施的设置可参考本指南系列其他分册有关要求执行。

(3)环境保护设施建设。

①建设项目需要配套建设的环境保护设施，必须与主体工程同时设计、同时施工、同时投产使用。

②建设项目的初步设计，应当按照环境保护设计规范的要求，编制环境保护篇章，并依据经批准的建设项目环境影响报告书或环境影响报告表，在环境保护篇章中落实防治环境污染和生态破坏的措施以及环境保护设施投资概算。

③建设项目的主体工程完工后，需要进行试生产的，其配套建设的环境保护设施必须与主体工程同时投入试运行。

④建设项目试生产期间，建设单位应当对环境保护设施运行情况和建设项目对环境的影响进行监测。

⑤建设项目竣工后，建设单位应当向审批建设项目环境影响报告书、环境影响报告表或环境影响登记表的环境保护行政主管部门，申请该建设项目需要配套建设的环境保护设施竣工验收。

⑥分期建设、分期投入生产或使用的建设项目，其相应的环境保护设施应当分期验收。

⑦建设项目需要配套建设的环境保护设施经验收合格后，该建设项目方可正式投入生产或使用。

(4)监理工程师应严格审批施工组织设计，认真审核并提出改进意见，对环境保护措施不充分的不允许开工。

(5)检查施工单位的环保人员及质检人员是否已进行了环保教育，特别是环保体系是否健全有效，环保人员是否已到位，环保应急预案是否合理可行。

(6)检查、督促施工单位的各项开工准备工作，如临时用地征地情况、临时排水设施等，各项检查合格后方允许施工单位开工。

(7)对全线设计的取、弃土场进行实地勘测，提出切实有效的控制措施；对变更的取、弃土场，除了实地调研外，在施工单位上报征地报告时，即要求其提出环保措施，监理工程师认为方案可行后，方可批准征地。

4.2　施工过程中的环境保护措施

4.2.1　生态环境保护措施

(1)施工过程中的水土保持工作宜采取分区、分期的防治模式，一般分为三个区(主体工程、拌和场站建设和临时工程)，分两期进行防治。

①工程建设前期采取综合措施，因地制宜、快速有效地遏制水土流失。

②工程建设后期以生物防护措施为主，防止水土流失，改善生态环境。

(2)施工中应尽可能减少对原地面的扰动,减少对地面草木的破坏,需要爆破作业的,应按规定进行控爆设计。

(3)临时用地应少占地、缩短占用时间,严禁占用基本农田,施工结束后应对所占土地及时恢复其功能。

(4)完善施工中的临时排水系统,加强施工便道的管理。弃渣场必须先挡后弃,严禁在指定弃渣场以外的地方乱弃。

(5)加强对施工人员的环保意识教育。遵守国家和地方的法律及相关规定,保护自然资源,禁止伤害野生动物和乱砍伐树木,自觉保护好天然林内的各种动物、植物和沿线自然景观。

(6)施工营地的生活垃圾、生活污水集中处理,或堆制为农家肥料等。

(7)施工便道、工棚等,应尽可能地减少对植被的破坏,便道通过大树、林木茂密和畜牧区的路段时需绕行,工棚周围的树木应最大限度地保留。施工便道的设置以不破坏自然景观、不过多地挪动土方、不造成坍塌为原则。

(8)施工期间注意河道的防护,以干季施工为主,雨季到来前疏通好河道,开挖好施工现场的排水通道,保证河道的通畅以及河道的水质清洁。涉及生活用水时,需要在建设工程开始之前为居民解决好用水问题,对施工期及今后受到的影响也要考虑到。

(9)取石、弃渣等各种施工行为严格按照设计要求进行,及时作好取石场的环境保护及恢复工作。挖掘征用的耕地时,应将表层土皮(30cm)保留以便复垦和补偿耕地。

(10)施工车辆应在临时车道上行驶,不得驶入农田、草原和林地。

(11)减少施工区的数量和面积。在设计的施工区内施工,不能随意扩大取、弃石场等施工区,应减少开挖面。如果不能马上施工,不应过早涉入施工区。

(12)各种防护措施与主体工程同步实施,以预防雨季路面径流直接冲刷坡面而造成的水土流失。

(13)施工机械的机修油污集中处理,揩擦有油污的固体废弃物等不得随地乱扔,必须集中处理。

(14)禁止在运输过程中沿途丢弃、遗撒施工期固体废物。

(15)对收集、储存、运输、处置固体废物的设施、设备和场所,应采取防渗漏措施,加强管理和维护,保证其正常运行和使用。

(16)施工营地设置化粪池和垃圾箱,由承包商按时清除垃圾、清理化粪池。

(17)按规定的操作规程,严格控制并尽量减少余下的物料。一旦有余下的材料,将其有序地存放好,妥善保管,可供周边地区修补乡村道路或建筑使用。

(18)公路经过草原草甸时应注意保护腐殖土和地表植被、限制路侧取土;取、弃土场宜选择在地表植被生长差的地方并集中设置,一般宜设置在公路用地界400m以外。

4.2.2　水环境保护措施

1)施工废水污染防治措施

(1)工程承包合同中应明确筑路材料(如沥青、化学品、水泥、粉煤灰、砂石等)在运输过程中的防治洒漏条款，材料堆放场地不得设在水体的岸边或养殖塘附近，以免随雨水冲入水体造成污染。

(2)施工材料如沥青、化学品等有害物质堆放场地应加盖篷布，以减少雨水冲刷造成的污染。距河岸200m范围内严禁设立料场、废弃物堆放场、施工营地等。

(3)混凝土拌和场及构件厂的生产废水不能直接排放，应设置沉淀池收集(可参考附录E中附图E-4)，经酸碱中和、沉淀、除渣等处理后再排放，施工结束后将沉淀池覆土掩埋。

(4)施工废水、生活污水按有关要求进行处理，不得直接排入农田、草原、河流和渠道。废水排放严格执行各项排放标准，悬浮物(SS)严格执行《污水综合排放标准》(GB 8978—1996)的一级标准。

(5)跨水体桥梁施工时，施工废油、废水、废料不能直接排入水体；施工废水尽量循环利用，以有效控制施工废水超标排放造成的当地水质污染问题。

(6)来自生活区、办公区和施工区的污水，必须严格净化处理，并经检测符合环保标准后，方可排入河流。

(7)靠近生活水源的施工，用沟壕或堤坝同生活水源隔开，避免污染生活水源。

(8)在农田区施工时，对既有的排灌系统加以保护，必要时修建临时水渠、水管等，保证排灌系统的完整性。

2)生活污水控制措施

(1)施工人员的就餐和洗涤应集中统一进行管理，如集中就餐、洗涤等，尽量减少生活污水量。洗涤过程中控制洗涤剂的用量，采用热水或其他方法替代，以减少污水中洗涤剂的含量。

(2)在施工营地附近设化粪池收集粪便和餐饮洗涤污水，粪便用于肥田，餐饮洗涤污水经沉淀后可用于农灌，施工结束后将化粪池覆土掩埋。

(3)生活垃圾装入垃圾桶定时清运，或设垃圾坑发酵后用于肥田；垃圾坑施工结束后用土掩埋，破坏地表植被的，应恢复植被。

(4)在工地施工现场、工区和生活区设置足够的临时卫生设施，每天清扫处理，同时在生活区周围种植花草、树木，美化生活环境。

3)含油污水控制措施

(1)采用施工过程控制、清洁生产的方案进行含油污水的控制。

(2)尽量选用先进的设备、机械，以有效地减少跑、冒、滴、漏的数量及机械维修次数，从而减少含油污水的产生量。

(3)对渗漏到土场的油污应及时利用刮削装置收集封存，运至垃圾场集中处理；机械设备及运输车辆的维修保养，尽量集中于各路段处的维修点进行，以方便含油污水的收集。

(4)在不可避免的跑、冒、滴、漏油作业过程中，尽量采用固体吸油材料(如棉纱、木屑等)将废油收集转化到固体物质中，避免产生过多的含油污水。

(5)在施工场地及机械维修场所设平流式沉淀池，含油污水由沉淀池收集，经酸碱中和、沉淀、隔油、除渣等简单处理后，油类等其他污染物浓度减小，施工结束后将沉淀池覆土掩埋。

(6)含油污水在不能集中处理的情况下，可全部用固体吸油材料吸收混合后封存外运。

(7)对收集的浸油废料采取打包密封后同施工营地其他固体废物一起外运的处理措施，外运地点选择附近具备垃圾填埋或有垃圾处理能力的城镇。

(8)施工产生的含油废水视不同情况，可采用隔油池、气浮设备和二级生化处理设施进行处理，不得超标排放，造成河流和水源污染。

4.2.3　声环境保护措施

(1)施工现场的噪声应力争达到《建筑施工场界环境噪声排放标准》(GB 12523—2011)的规定，遵守当地有关部门对夜间施工的规定。

(2)加强施工管理，当施工场地位于学校附近时，要求了解学校的作息时间，禁止强噪声施工机械在昼间学校上课时间作业。

(3)在距离居民区、学校等敏感点130m以内的施工场地(约14处昼间受影响的敏感点)昼间施工时，应采取移动式或临时声屏障等降噪措施(可参考附录E中附图E-5)。

(4)在距离居民区、学校等敏感点480m以内的施工场地(约20处夜间受影响的敏感点)，禁止强噪声的机械夜间(22:00~次日06:00)作业。

(5)在居民区、学校等敏感点附近的施工场地，因生产工艺要求而必须夜间连续进行施工作业时，必须有当地旗县级以上人民政府或者有关主管部门的证明，并应事先做好宣传工作，采用移动式或临时声屏障等防噪措施。

(6)必须选用符合国家有关标准的施工机具和运输车辆，尽量选用低噪声的施工机械和工艺，如用液压工具代替气压工具等。

(7)振动较大的固定机械设备应加装减振机座，同时应注意对设备的养护和正确操作，尽量使筑路机械的噪声维持在最低声级水平。对强噪声施工机械采取临时性的噪声隔挡措施。

(8)施工便道应远离学校、医院、居民集中区，不得穿越声环境敏感点。当施工便道两侧50m内有成片居民区时，禁止夜间在该便道上运输施工材料。

(9)筑路机械施工的噪声具有突发、无规则、不连续、高强度等特点。据调查，施工现场噪声有时超出4类噪声标准，一般可采取施工方法变动措施加以缓解。如噪声源强大的作业可放在昼间(06:00~22:00)进行或对各种施工机械操作时间作适当调整。

(10)进行钢筋加工、混凝土拌和、构件预制等场地选址时，尽量远离居民区。

(11)尽量选用环保型振捣棒，振捣棒使用完毕及时进行清洁、保养；对操作工人严格要求，振捣混凝土时禁止振击钢筋或钢模板，并做到快插慢拔。

(12)模板和脚手架支设、拆除、搬运时，必须轻拿轻放，上下左右有人传递，防止跌落、撞击；模板修理时，禁止用大锤敲打；使用电锯切割模板、钢管时，应及时在锯片上刷油。

(13)利用弃方、固体废弃物进行降噪设计时，应对可行性进行分析论证，并注重景观协调。

①工程弃方堆筑的高度和长度可参照现行《公路环境保护设计规范》(JTG B04—2010)的规定设计，其边坡坡度应根据当地土质条件、地形等因素确定，堆弃体应保证稳定。

②采用建筑垃圾或工业废渣等废弃物堆筑时应用土壤包覆,不得外露,并及时绿化。

③堆弃体表面应绿化,有条件时应在其表面及周围做美化栽植。

(14)施工期间的材料运输、敲击、人的喊叫等作为施工活动的声源,要求承包商通过文明施工、加强有效管理加以缓解。机械车辆途经居住场所时应减速慢行,不鸣喇叭。

(15)为了监督和保护居民的生产、生活和学校学习环境,需要进行施工期的声环境监测。要求监理工程师对 130m 范围内有较大居民区或学校的施工现场进行施工期抽样监测。根据监测结果,采取相应的噪声防治措施,如限制工作时间、改变运输路线、采用临时声屏障等。

(16)在利用现有道路和施工便道运输道路材料时,道路沿线敏感点声环境质量有可能恶化,为了准确、及时的掌握施工道路(包括施工便道)周围敏感点的声环境质量,施工期间,要求监理工程师对施工便道附近分布的敏感点(如居民区、学校等)进行监测。根据监测结果,必要时考虑改变材料运输路线,在无法避让的情况下可建临时声屏障或采取其他降噪措施,尽可能减轻扰民影响,以创造有利的施工建设环境。

(17)按劳动卫生标准,控制施工人员的工作时间,对机械操作者及有关人员采取个人防护措施,如戴口罩、耳塞、头盔等。

4.2.4　大气环境保护措施

(1)公路施工料场、拌和站的选址应保证其下风向 300m 以内不得有居民区、医院和学校等敏感点;当确实受条件限制不得已时,必须报备相关单位审批,并做好相关预案。要求拌和机有良好的密封性、减振器和除尘装置。对从业人员采取健康防护措施,如带眼罩、口罩等。

(2)运输材料的道路、施工现场尤其是稳定土拌和站,必须采取必要的洒水措施,防止扬尘(可参考附录 E 中附图 E-6)。洒水时间主要在无雨的天气,每天洒水两次,上、下午各一次。

(3)石灰、粉煤灰等路用粉状材料宜采用袋装、罐装方式运输,当采用散装方式运输时应采取遮盖措施,且装料适中,不得超限超载;该类材料的堆放应有遮盖或适时洒水措施以防止扬尘污染。

(4)混合料拌和宜采用集中拌和方式,拌和站距环境敏感点的距离不宜小于 200m,并应设置在当地施工季节最小频率风向的被保护对象的上风侧。当确实受条件限制不得已时,必须报备相关单位审批,并做好相关预案。

(5)路基填筑时,根据材料压实的需要相应洒水。承包商还必须在材料压实后经常洒水,以保证材料不起尘。

(6)在选择设备型号时选择低污染设备,具备条件时,宜安装空气污染控制系统。

(7)对汽油等易挥发品的存放要密闭,并尽量缩短开启时间。

(8)在有粉尘的作业环境中作业,除洒水外,作业人员还必须配备劳保防护用品。

(9)施工组织设计中应考虑对施工路段及便道适时洒水,减轻扬尘污染;车辆轮胎及车外表用水冲洗干净,不得污染道路。

(10)沥青拌和设备加热系统应尽可能采用“煤(油)改气”加热技术,以利于节能减排。

(11)在项目驻地、场站以及公路服务设施和管理设施等沿线设施内安装的锅炉,其选型、燃料种类及烟囱高度应满足相关环境保护的要求,锅炉排放的大气污染物应符合现行《锅炉大气污染物排放标准》(GB 13271—2014)的规定。

(12)对于易松散和易飞扬的储存材料宜采取覆盖措施。

4.2.5　筑路材料开采与运输的环境保护措施

(1)采石场承包商必须遵守有关野外爆破的安全规定,确定引爆时间,应避开上班高峰期,切实保护工人人身安全;严禁在夜间爆破;承包商必须按有关劳保条例,给工人佩戴头盔、耳塞等,并定期检查身体。

(2)运输车辆应遵守当地的交通法规,切忌超载运输,以免造成散装石料或其他筑路材料的散落和堵塞交通。

(3)对采石场可能引起的水土流失,应采取强化管理措施制订合理开采方案,从而把对采石场的植被破坏、水土流失控制在最小范围内。

(4)施工便道应注意定期洒水,运输易散失筑路材料时应用篷布覆盖。

(5)承包商应做好运输计划,避开在道路的高峰时段运输材料。

(6)合理选择运输石料的道路,尽可能避开居民密集区和学校。当运输道路沿线50m内有成片的居民区时,应禁止在夜间(22:00~次日6:00)运输石料。

(7)加强施工便道运输管理工作。要求承包商做好车辆的维修保养工作,使车辆的噪声级维持在最低水平。

4.2.6　水土保持措施

(1)应重视取、弃土场位置的选择。当取、弃土破坏了原有地表植被或改变了原地表自然坡度而形成裸露坡面时,应进行绿化或复垦,其要求如下。

①取土场宜选择在植被稀疏的丘陵、山包等荒地、荒坡,并应与当地政府协商,确定取土范围和深度;弃土场宜选择在储量大、地形低的洼地、不易受水流冲刷的荒沟、荒地或低产田地,并分级填筑弃土。

②取土场宜远离建筑物、管线等生活生产设施,不应影响其安全;取土场可能蓄水或集水时,其位置不应影响路基及周围坡体稳定。

③不应在基本农田区、基本草原、林地以及可能导致地质灾害或路基病害的区域设置取、弃土场;严禁在泥石流沟、滑坡体上缘等位置设置弃土场。

④取土场不宜设置在桥头引道两侧。

(2)弃渣场场址发生变化时,新弃渣点应尽量选择在三面封闭的沟谷地带,这样对周边环境的影响最少,防护工程量小。

(3)应合理确定取土场的防护措施。对于取土场形成的裸露边坡,应结合工程防护恢复植被;取土场坡脚易受水流冲刷的地方,应采用工程护坡;当取土场边坡高度大于4m、坡度大于1∶1.5时,宜采取削坡开级措施。

(4)弃渣场防护以“上截下拦”为大原则,弃渣应分层碾压,压实度至少为 80%,坡度应缓于 1∶1.5。弃土前,完成拦渣及截、排水工程设施。

(5)取、弃土结束后,宜及时绿化、覆土造田或考虑其他综合利用措施。其整治要求如下。

①取、弃土前,应先将表土集中堆存,待取、弃土结束后,再将表土予以利用;

②整治或复垦后的取、弃土场,宜根据其土地质量、灌溉条件、气候特征、生产功能及规划情况等合理确定利用方向;农业用地一般覆土 30~55cm,林业用地 20~45cm,牧业用地 15~25cm。

(6)路堤及路堑环境保护措施。

①合理安排工期,尽量避开雨季弃渣。降雨时,对路基裸露坡面和弃渣场裸露坡面覆盖薄膜,避免雨水对坡面的直接冲刷。

②有效地协调好土石方调配,使开挖的土石方尽可能被利用,严禁任意倾倒,做到土石方堆置就地防护。

③清除坡面浮渣时,注意地表植被的保护。

④开挖、填筑等施工活动尽量避开雨日,避免裸露边坡处于无防护状态。

⑤严格控制路堑开挖所需炸药量,避免岩体过度爆破造成土石方滚坡现象。对路基下坡面的抛洒土石方,应及时清除,同时清理坡面松动和危险的沿土体,保持坡面稳定。

⑥改沟、改河工程的新开挖沟渠,河道的过水能力应满足河道整治规划要求,并经水利部门批准,严格按设计要求施工,同时在施工开挖时,防止开挖土石方散落河道,做到文明施工,控制水土流失。

⑦根据设计要求,路基范围内的雨水主要通过路基两侧排水系统来排除,并与周围沟渠、河道等连通。路面排水采用自由漫流式,超高路段的雨水流入设置在中央分隔带的纵向流水槽,汇入每隔一定距离的集水井,然后通过排水管、急流槽流入路基纵向排水边沟(可参考附录 E 中附图 E-7)。

⑧边坡开挖应严格按规范要求从上往下逐级开挖,及时做好排水沟,以免雨水冲刷开挖面造成污染。

⑨边坡开挖的土不得随意乱弃,应及时用于路基回填或运往弃土场。

⑩边坡开挖时应保护好原山体植被,山体开挖前应先挖好截水沟,截水沟开挖弃土应及时清除不得影响原植被,施工通道也应注意环保,用后应及时恢复原貌。

⑪路面施工时掉渣或弃料应及时清扫运至指定的弃土场,不得随意弃至边沟中或洒至路面外污染环境。

⑫在施工中,按公路设计规范要求,采用工程措施和植物措施确保路堤、路堑边坡的稳定,道路建成后,采取植物措施防护,防止水土流失,美化环境。

(7)林木、草原、植被、土地及地下水资源保护措施。

①对施工人员加强保护自然资源及野生动植物的教育,在合同施工期内严禁偷猎、随意砍伐树木和破坏草原。

②保护原有植被。对合同约定的施工界限内、外的植物、树木、草原等尽力维持原状;

砍除树木和其他经济植物时,应事先征得所有者和建设单位的批示同意,严禁超范围砍伐。

③在草原上从事采土、采砂、采石等施工作业活动,应当上报旗县级人民政府草原行政主管部门批准。

④禁止施工人员在草原上抓捕和买卖鹰、雕、猫头鹰、百灵鸟、沙狐、狐狸和鼬科动物等草原鼠虫害天敌和草原珍稀野生动物。

⑤永久用地范围内的裸露地表用植被加以覆盖。公路两旁的古树、名木和法定保护的树种,即使在公路范围内,有可能时也应尽量设法保护。

⑥临时用地范围内的耕地或草原在施工结束后采取措施恢复原状,其他裸露地表植草或种树进行绿化。

⑦对路基工程的取土场,按设计要求实施工程防护;设计无防护要求的也应将边坡平整稳定,不得向河流和设计范围外的场地弃土。

⑧路基石方开挖及石场自采石,进行石方爆破作业应采取控制爆破措施,防止飞石对附近林木、植物造成损害。

⑨对有害物质(如燃料、废料、垃圾等)应按当地要求和环保部门同意的措施处理后运至监理工程师指定地点进行掩埋,防止对动、植物造成损害。

⑩弃渣场地在弃渣时由专人指挥,应堆放整齐、边坡平整,工程弃渣尽量用于平整造田,杜绝向江河和设计专用的弃渣场以外的河渠倾倒弃渣。

(8)施工中的临时排水系统,应能最大限度地减少水土流失和对原有排灌系统的改变。

(9)尽可能做到路基土石方基本平衡,尽量减少取、弃土占地及污染周边环境。

(10)临时工程水土保持措施宜根据当地的自然条件,长远结合、综合考虑,其重点如下。

①公路施工临时占用的土地,应将表土收集存放,待施工结束后,再利用表土恢复原地表层,进行复垦或绿化;生态环境脆弱或植被恢复困难地区,宜将原地表表层覆盖的植被加以保护和利用。

②当施工期开挖路堑和填筑路堤的裸露边坡易产生水土流失时,应及时在施工中修筑边坡、截水沟、排水沟等排水工程,局部区域应根据需要设置挡板设施、沉沙设施或有效覆盖设施。

③对于桥梁基础上施工过程中产生的泥浆和临时弃渣,应采取临时防护措施;在基桩钻孔位置附近设置沉沙池和临时排水沟排除池中积水,沉沙池可根据沉沙量设置单级或多级;对于扩大基础开挖基坑产生的土石,应采用沙包临时阻挡,待完工后用于回填基坑及平整场地,多余的废弃土石应运至弃土场。

④临时工程开挖边坡的上侧应设置截水沟,下侧应设置排水沟,防止水流冲刷造成水土流失和对下游各类设施产生的不利影响。

⑤施工结束后应根据当地的自然情况进行土地整治。

4.2.7 固体废弃物处理措施

(1)施工现场的生活垃圾和工程废弃物应集中堆放,经处理后,除部分用于农作物肥料外,其余均挖坑深埋并填坑、平整土地,恢复植被。

(2)施工和生活中的固体废弃物可以经当地环保部门同意后,运至指定地点堆放。

(3)工地应设置可冲洗的厕所(可参考附录 E 中附图 E-8),派专门的人员清洗打扫,并定期对周围喷药消毒,以防蚊蝇滋生,病毒传播。

(4)报废材料或施工中返工的挖除材料应立即运出现场并进行掩埋等处理。对施工中废弃的零碎配件、边角料、水泥袋、包装箱等及时收集清理并搞好现场卫生,以保护自然环境与景观不受破坏。

(5)锅炉等设备应采用环保锅炉等,锅炉渣可用于便道养护。

(6)油料储放在指定的储运仓库,现场用油应使用临时小型储藏罐,禁止使用不合格油罐,以免发生污染。

4.2.8　社会环境保护措施

(1)通过有效途径对沿线人民进一步宣传本工程建设的重要意义和有关拆迁、安置政策、规定,以使当地群众更加支持本项目的建设。

(2)依靠当地政府做好征地工作。合理支付补偿费用,维护群众的正当利益,确保被征用土地和需要拆迁安置的居民户控制在最低限度,保证他们的生活水平不低于本工程建设前水平。

(3)在施工营地设置化粪池和垃圾箱,由施工单位按时清除垃圾、清理化粪池,防止疾病传播;做好防疫工作,定期灭杀老鼠、苍蝇、蚊虫、蟑螂等有害生物。

(4)必须按劳保条例,给工人佩戴头盔、耳塞等,并定期检查身体;施工营地应有专职卫生员为工人提供医疗保障,并且卫生员应定期对施工人员进行卫生知识的宣传教育。工地上饮用水应满足国家饮用水卫生标准;从事餐饮工作人员必须取得健康证,并定期进行体检。

(5)施工现场悬挂施工标牌,标明工程名称、工程负责人、施工许可证和投诉电话等内容,接受社会各界和当地居民的监督;施工单位应配备 1~2 名专职环保人员负责环境管理。

(6)为恢复沿线自然景观和突出现代化公路交通景观,当拟建工程完工之时,应及时拆除不必要的、影响景观环境的所有临时工程,清理料场、拌和场等施工现场,集中妥善处置施工废料、生活垃圾,被临时工程毁坏的植被,应力求恢复。施工便道若有保留价值,可与地方协商清理、修复后交付使用,同时应在路边绿化植树,恢复景观环境。

(7)利用地方道路兼做施工道路的路段,在施工过程中应经常维护路面整洁,被损坏的路段应及时修复。同时应管制、疏导交通,避免公路交通堵塞。

(8)加强对交通运输的管理。对运输筑路材料的车辆限制通行时间,如避开运输高峰时间运输筑路材料;同时要求承包商作好运输计划,提前备料,在运输相对空闲时储备砂、石料等。

(9)与当地公安、交通管理部门协调配合,及时疏导交通堵塞,处理交通事故,以保证运输畅通。

(10)为了保证道路的畅通,高等级公路和其他现有公路相交处,必须设置施工便道,这种便道一般在原有道路的一侧。

4.2.9 文物保护

(1)施工前联系当地文物保护部门,并向当地居民了解调查当地的文物分布情况,及早采取保护措施。

(2)在职工中宣传文物保护知识,提高文物保护的法律意识。对施工地段已有文物,应采取措施,避免施工震动和污染。

(3)对施工过程中影响到的文物和古树采取保护措施,对于应迁移的树木在园林单位确认后由建设单位委托园林部门负责迁移;对需保护的文物,在文物单位的指导下提出监测保护方案,通报文物保护单位,并进行监测保护。

(4)施工过程中一旦发现文物或有考古、历史文物、古墓葬、古生物化石及矿藏、地质研究价值的物品时,立即停止施工,保护好现场,并立即报告建设单位和当地文物管理部门研究处理,并采取严密的专人看守与保护措施,严禁损坏、私自占有和非法倒卖,绝不允许人员移动和损坏任何这类物品。

(5)配合文物管理部门做好必要的其他保护措施,并将对文物遗迹的各类现场保护情况及时书面报告建设单位,协助文物部门进行文物的发掘和清理工作。

4.2.10 其他

(1)在施工过程中,因为下雨或积水等会造成沿线的水土流失,所以在施工现场内的道路应平整、顺畅,在施工前做好截水沟、排水沟、集水井、渗沟等设施。做好弃土场的防护与排水工作,防止水土流失,保护环境。

(2)施工中产生的各类弃渣应加强调配,不能利用的按设计要求或选择地势低洼、无地表径流、植被稀疏、适当远离线路的地方堆弃,不侵占河道、湖泊、湿地、草原、自然保护区的核心区和缓冲区,不占用高寒植被发育的草地资源,较大的弃土场按设计要求对其坡脚进行挡护,渣顶进行平整、覆盖、设置排水设施。

(3)在河道管理范围内,严禁堆放弃渣、垃圾等。工程确需采砂、取土或在河滩上存放物料、建房时,报经河道主管部门批准后方可实施。对施工中开挖的河岸边坡及时采取防护措施,防止河岸冲刷。

(4)施工便道、施工营地不宜建在草原、植被良好的地段,并且施工结束后对所占场地进行恢复,对施工中产生的废水、垃圾等应采取有效的措施,避免对环境造成污染。

(5)临时工程的修建及施工弃土,不能切割改变原来的自然水系及地表径流。

4.3 施工后保护措施

(1)确保所有临时用地和设施及周边地区按设计文件和合同要求得到恢复,完善有关项目的环境保护工作。

(2)汇总、整理、存档施工单位有关环境保护的相关文件和技术档案资料。

5　高等级公路项目建设生态绿化工程

5.1　边坡绿化

5.1.1　路堤边坡绿化

苗木要求：对于路堤土质边坡，应选择耐寒、耐旱、易活、易管的多年生栽培草、草坪草、生态草，有条件的地方可种植一些适应性强、管理粗放的花灌木；对于路堤石质边坡，应选择易活、易管的草坪草为主。

技术要求：针对路堤土质边坡，在坡度陡、坡长大于5m的混凝土格网地段，路段穿越城镇、道路、居民点或有重要路段的边坡，绿化应采用植草防护的绿化方式；在坡度急、坡长小于5m的边坡，绿化多采用草本地被防护绿化；在坡长大于10m的地段，绿化应采用草灌结合的绿化防护方式；路堤石质边坡一般采用铺设草皮的绿化方式。

1）混凝土格网植草防护技术（可参考附录E中附图E-9）

（1）适用范围：主要应用于任何坡度的土质路堤边坡。

（2）施工季节：春、夏、秋季均可施工，但应该避开高温炎热的盛夏或暴雨集中的时段。

（3）施工工序（如图5-1所示）

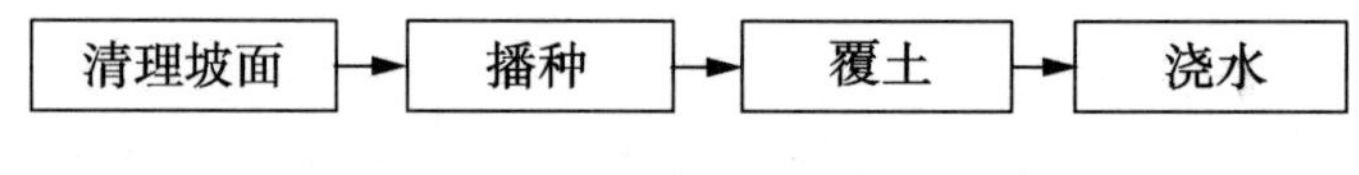

图5-1　植草防护施工工序

（4）施工要点。

①清理坡面所有的石块及一切杂物，开挖水平阶地、水平槽和穴坑，有条件时应灌足底水，以利于保坡。

②直接将种子撒播在坡面上，条播和穴播应把底肥施入水平阶地、水平槽或穴坑。

③在撒播的坡面上覆盖过筛细土，覆土轻微拍实。

④人工播种后即可浇水，采用喷淋方式进行，避免水柱直冲，水量以保持地表湿润为宜。

2）草皮移植（可参考附录E中附图E-10）

（1）适用范围：主要应用于石质路堤边坡。

（2）施工季节：春、夏、秋季均可施工，但应该避开高温炎热的盛夏或暴雨集中的时段。

（3）施工工序（如图5-2所示）。

（4）施工要点。

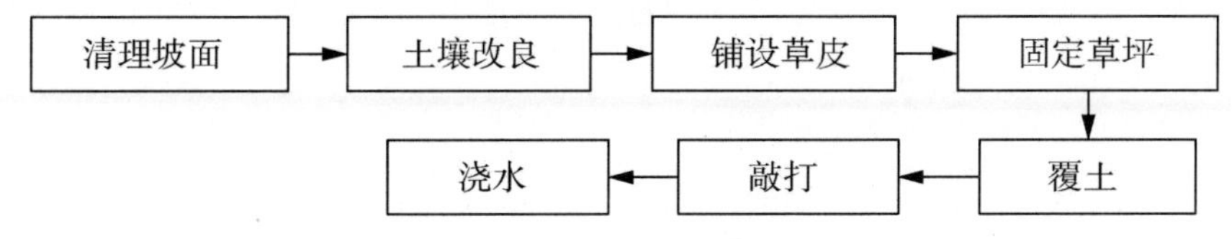

图 5-2 草皮移植施工工序

①清除坡面杂物、杂草及松动岩块,对坡面转角处及坡顶部的棱角进行修整,使之呈弧状,使坡面基本平整。

②根据土壤检测的结果,有针对性的施工基肥和土壤改良剂,以调整土壤元素的平衡,缓解土壤的酸碱度。

③铺栽草皮的草源应该生长势好,密度高。

5.1.2 路堑边坡绿化

苗木要求:对于路堑土质坡面,应选择抗逆性强,扩展性强,易养管的草坪草和灌木;而在路堑石质坡面,应选择生长迅速、抗旱、耐高温、耐瘠薄的藤本攀爬植物;对于坡度较缓的土质边坡,应选择适应性强、易管养的乔木、花灌木(球)和草坪草。

技术要求:对于土质类型,绿化多采用草棒技术、植生带、草包技术、轮胎固土的方式;对于石质边坡或者土石相结合的边坡类型,多采用挂网喷播和松竹穴植的绿化方式。

1)草棒技术

(1)适用于坡度在60°以下的石质或土石混合的路堑边坡。

(2)施工季节:春、夏、秋季均可施工,但应该避开高温炎热的盛夏或暴雨集中的时段。

(3)施工工序,如图5-3所示。

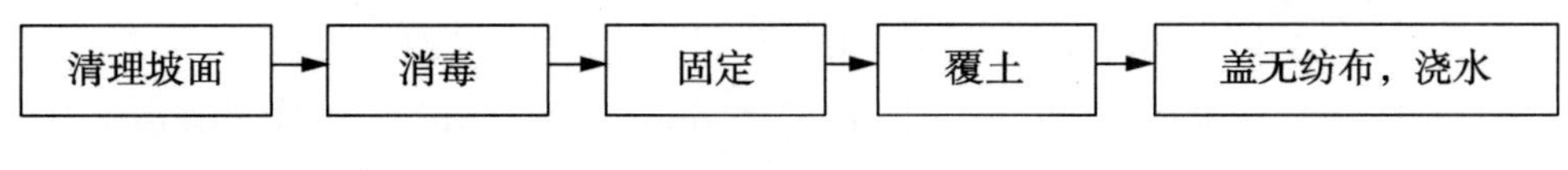

图 5-3 草棒技术施工工序

(4)施工要点。

①设安全防护区,配备好施工准备。

②清理坡面片石、碎石、杂草、淤泥、杂物及松动岩块,整平坡面。

③用敌敌畏、乐果等对稻草进行熏蒸消毒,然后用稻草缠绕竹竿成草棍,并用稀泥浸泡,竹竿长4~5m。

④用20号、18号螺纹钢按1.5m间距在坡顶和坡底进行锚固,形成牢固的着力层,用于固定草棒和铁丝。

⑤使用客土,分两次,每次覆土厚度80~100mm,并立即浇透水(雾水多次)。

⑥植草茎或播草种,播种后覆盖无纺布,洒透水(少量多次)。

2)液压喷播(可参考附录E中附图E-11)

(1)适用范围:应用于土质路堑边坡,对于土石混合的路堑边坡,经过覆土处理后也可以使用,适用于液压喷播技术的边坡坡度为1:1.5~1:2.0。

(2)施工季节:春、夏、秋季均可施工,但应该避开高温炎热的盛夏或暴雨集中的时段。

(3)施工工序,如图 5-4 所示。

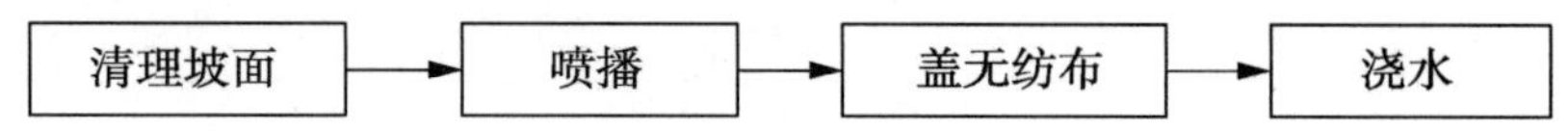

图 5-4　液压喷播施工工序

(4)施工要点。

①清除坡面杂物、杂草及松动岩块,对坡面转角处及坡顶部的棱角进行修整,使之呈弧状,使坡面基本平整。

②将蘑菇肥、谷壳、木屑等有机物和肥料、黏合剂、保水剂等倒入土壤中进行干混拌。

③喷播后应立即覆盖无纺布,防止喷播材料被雨水冲走,同时也保持了土壤的墒情。

④覆盖无纺布后应立即浇水养护,用高压喷雾使养护水匀速地湿润坡面,养护期一般不少于 45d。

3)挂网喷播(可参考附录 E 中附图 E-12)

(1)适用范围:应用于任何坡度的石质路堑边坡。

(2)施工季节:春、夏、秋季均可施工,但应该避开高温炎热的盛夏或暴雨集中的时段。

(3)施工工序,如图 5-5 所示。

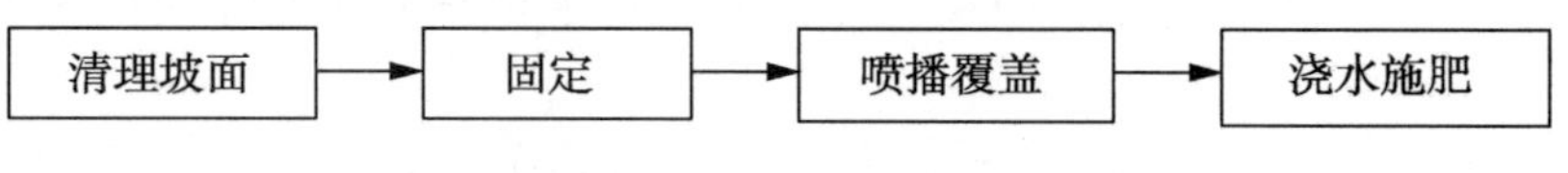

图 5-5　挂网喷播施工工序

(4)施工要点。

①清理坡面易碎落的碎石,用土填平凹陷处,使坡面尽可能平整。

②采用 12 号或 14 号镀锌棱形铁丝网(ϕ2.6mm ~ ϕ2.8mm),网孔 40mm×40mm,铺设面积 100%,网锚杆与网之间采用平行对接,不重复搭接,铁丝网与坡面间隙小于 20mm。

③用锚杆固定铁丝网,主锚杆(ϕ12×300mm)用量为 30 根/(100m^2),辅助(ϕ10×200mm)用量为 150 根/(100m^2),平均密度 1.8 根/m^2,如果坡面质地坚硬,锚杆用锤子钉不进的话,可以使用凿岩机打孔,然后将锚杆钉入。

④喷播后顺坡面从上而下覆盖无纺布,布与布之间重叠 10 ~ 15cm,并用木片或竹片固定,无纺布用量至少为 120 ~ 180g/m^2。

⑤喷播后应及时浇水养护。

⑥为满足植物对 N、P、K 等营养物质的需求,维持灌草正常生长,必须在齐苗后进行追肥。

4)植生带(可参考附录 E 中附图 E-13)

(1)适用范围:应用于坡度较缓石质和岩石路堑边坡。

(2)施工季节:春、夏、秋季均可施工,但应该避开高温炎热的盛夏或暴雨集中的时段。

(3)施工工序,如图 5-6 所示。

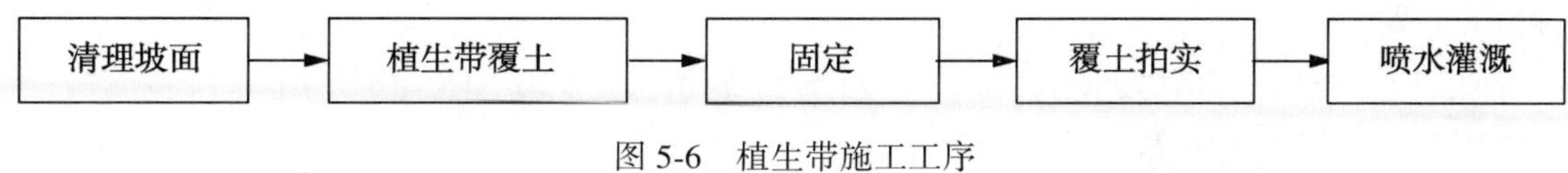

图 5-6 植生带施工工序

(4)施工要点。

①清除坡面上的石块和杂质,填平较大的坑穴,打碎土块,耧细耙平,压实。

②在植生袋内灌或装入客土,然后搬运至施工现场。

③铺植生带时接缝处叠加 5cm 左右,使植生带与坡面紧密接触,把植生带一端用锚杆固定在坡顶处并填土压实,锚杆的使用量为 2~3 根/m^2。

④在铺好的植生带上,用筛子均匀的筛上事先准备好的细土,并将覆土拍实。

⑤植生带施工结束后应注意苗期的维护,铺种完后即可喷水,最好用喷灌的方式,避免水柱直冲,水量以保持地表湿润为宜。

5)土工格栅(可参考附录 E 中附图 E-14)

(1)适用范围:应用于较缓的土质路堑坡面。

(2)施工季节:以春秋季节为最佳时间。

(3)施工工序,如图 5-7 所示。

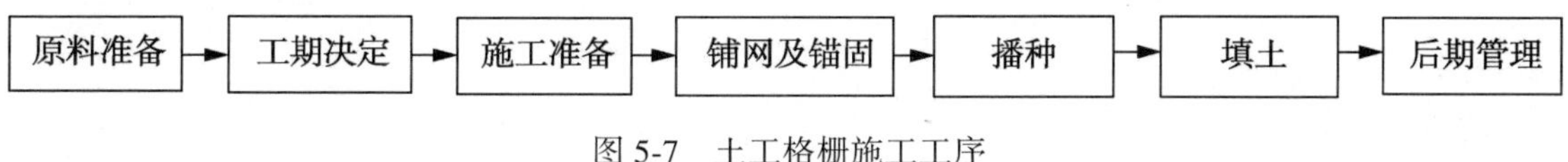

图 5-7 土工格栅施工工序

(4)施工要点。

①在边坡防护中,根据不同的地质、地理条件及施工情况选择不同的土工格栅及植物种子。

②根据所选草种适宜的发芽温度和湿度决定合适的施工期。

③在安装防护覆盖层之前,应将坡面整治成所需要的轮廓并保持坡面平整;在整平后的坡面上铺设一层 50~75mm 厚的土料。

④在土料铺平后,就可进行铺网工作,按设计配比撒播植物种子。

⑤为充分发挥土工格栅的作用,网用土填实,播种后在网上铺 13~19mm 厚的土,并将其轻轻地刷进网眼中,在上面铺设土料。

⑥种子播种后,应经常进行浇水、施肥、除草、更新等工作。

6)草包技术

(1)适用范围:应用于稳定边坡,坡角小于 60°的岩质路堑边坡或坡角小于 45°的土质路堑边坡。

(2)施工季节:春、夏、秋季均可施工,但应该避开高温炎热的盛夏或暴雨集中的时段。

(3)施工工序,如图 5-8 所示。

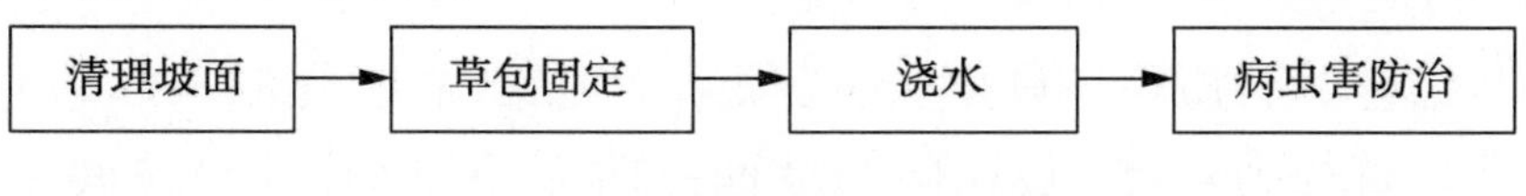

图 5-8 草包技术施工工序

(4)施工要点。

①清除坡面杂物、杂草及松动岩块。对坡面转角处及坡顶部的棱角进行修整。对低洼处适当覆土夯实回填或以草包土回填,使坡面基本平整。

②将草包紧挨坡面整齐的垒积上去,需有一定的倾斜度,以防止坍塌。

③草包垒积完毕后,立刻浇灌一次水,然后覆盖无纺布,保证种子的发芽需求。

④定期喷水,注重病虫害的防治。

7)苗木移植

(1)适用范围:应用于坡度较缓的土质和石质路堑边坡。

(2)施工季节:以春秋季节为佳。

(3)主要施工步骤:清理坡面—刨穴、定点—栽植、压实—浇水封堰。

8)草花混播

(1)适用范围:应用于坡度较缓的土质路堑边坡。

(2)施工季节:以春季播种为最佳。

(3)施工工序,如图5-9所示。

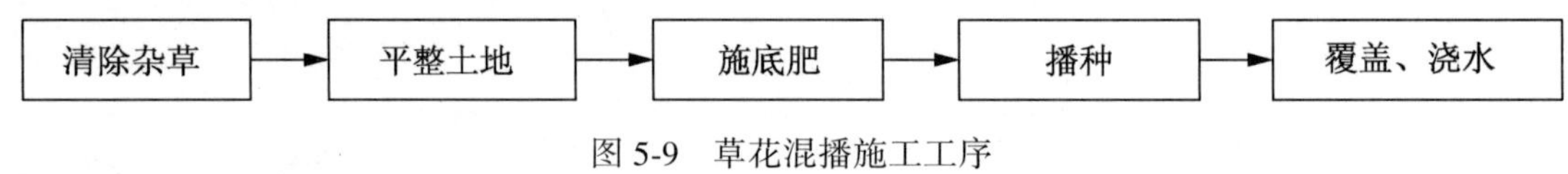

图5-9　草花混播施工工序

(4)施工要点。

①对将要播种的地块进行除草并翻耕,或用除草剂等方法杀死所有杂草。

②种植前先对种植段的土壤进行精细整平,去除杂草、树根、石块等较粗的杂物,并浇适量的水湿润土壤。

③在土壤表层施入1cm的草炭土,并与表层2cm土壤搅拌均匀,播种前再施入25g/m^{2}复合肥(N∶P∶K=1∶1∶1)。

④将草种、花种、纤维黏结物、土壤黏结剂、复合化肥等与水混合,经机械充分搅拌,再通过高压泵体,将混合液均匀喷射于地表上。

⑤选取吸水性强、保水性好的植物纤维作为覆盖料。

9)TBS喷草灌施工

(1)适用范围:干喷法适用坡比为1∶0.3~1∶5的岩质路堑边坡;湿喷法适用坡比为1∶0.75~1∶1的岩质路堑边坡。

(2)TBS喷草灌(干喷法)施工工序如图5-10所示;TBS喷草灌(湿喷法)施工工序如图5-11所示。

(3)施工要点。

①坡面平整及清理。坡面清理有利于基材和岩石坡面的自然结合,主要为清理坡面浮石、浮根等。

②钻孔、安装锚杆。石质边坡硬度大,必须采用风钻锚孔,孔洞深0.4~0.5m,交错布置,局部适当加深,孔口直径为4~5cm,孔向与坡面基本垂直,锚孔穴布设间距1m。具体可根据现场情况进行布孔。

③铺网及固定铁丝网。铺设前,坡顶先施工一排锚钉。铺设时,铁丝网挂入坡顶锚钉后沿坡面从上到下进行铺设,拉紧至坡底锚钉固定。

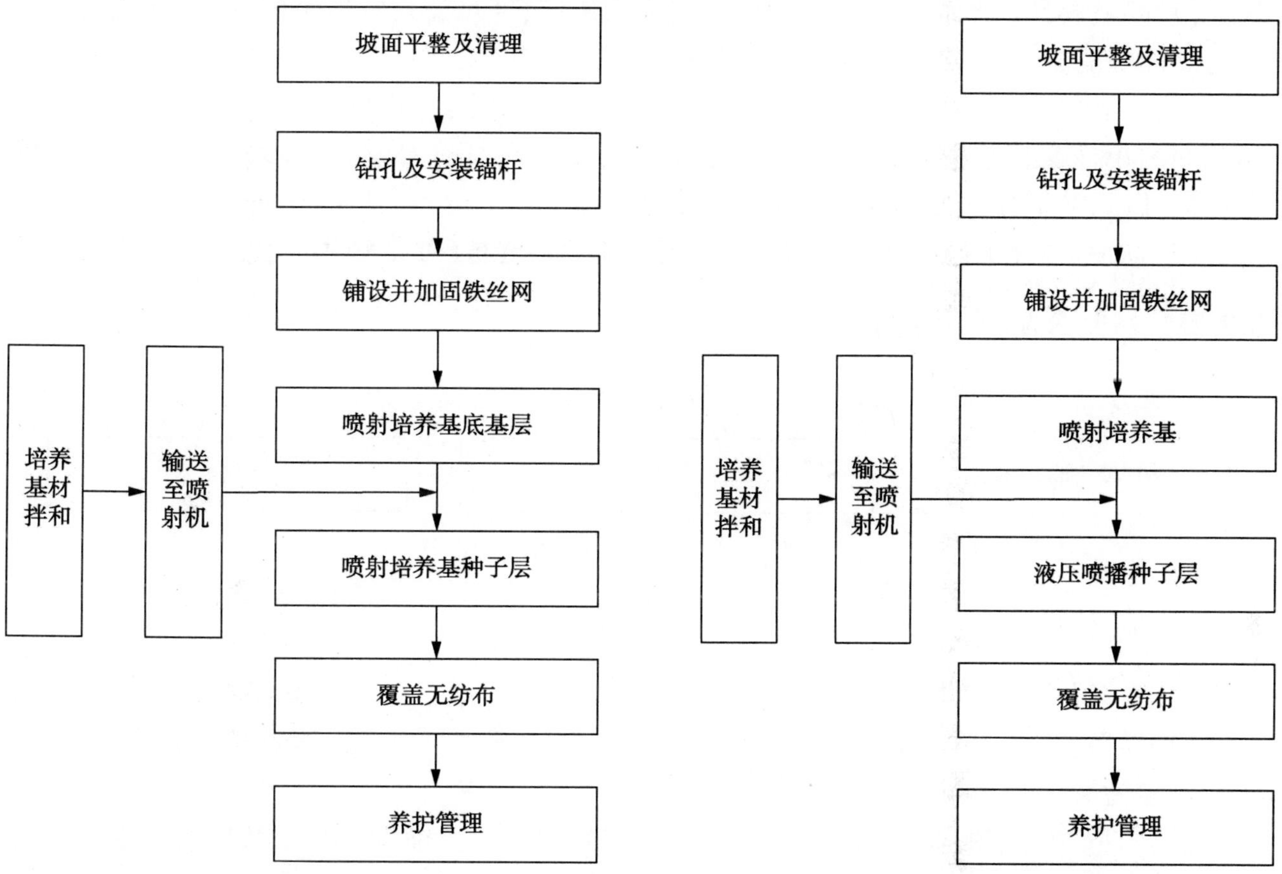

图 5-10 TBS 喷草灌(干喷法)施工工序

图 5-11 TBS 喷草灌(湿喷法)施工工序

④培养基材拌制、上料。培养基材种植土由纤维、有机质、肥料等按一定比例掺和而成。大面积施工前,应进行现场调查及试验,确定培养基材合适的配比。

⑤喷射培养基。将混合好的培养基高压喷射至坡面上,共分两次喷射,喷射尽可能从正面进行。

⑥无纺布覆盖。无纺布以每平方米 30g 为宜;无纺布能起到保湿、保温的作用;无纺布覆盖时,应用 U 形钉固定,注意不要留接缝。

⑦养护及注意事项。初期养护一般为 45d,发芽期 15d,湿润深度控制在 3~5cm,幼苗期依据植物根系的发育逐渐加大到 5~10cm,应注意基材混合物内勿形成“壤中流”;中期靠自然雨水养护,每月喷水 2 次,并追施肥,促苗转青,在整个养护期中,应注意病虫害的防治。

5.2 中央分隔带绿化

5.2.1 基本要求

1)苗木要求

绿化用防眩树种应四季常青,要求修剪后高度控制在 1.8m 以上,树冠的直径应控制在

0.5～1.5m。

2）技术指标

（1）植物株距与规格应根据不同的布置形式确定，计算公式应参照现行《公路交通安全设施设计规范》（JTG D81—2006）。

（2）植物宜修剪成比较规则的形状，在水平方向上采用多种形式，如单株或几株组合，与花灌木单株交替栽植或分段交替栽植，成段绿篱与单株交替栽植，地表可栽植多年生综合地被，做到常年有花，起到环保、美化和彩化作用。

（3）防撞护栏外侧不易种植灌木，以免其生长遮挡反光板（可参考附录 E 中附图 E-15）。

5.2.2　中央分隔带绿化施工工序

中央分隔带绿化施工工序如图 5-12 所示。

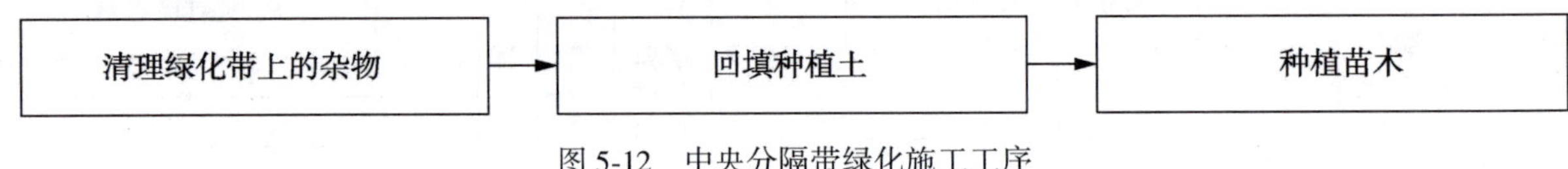

图 5-12　中央分隔带绿化施工工序

5.2.3　施工要点

1）清理绿化带上的杂物

（1）清除直径大于 25mm 的砾石、树根、杂草、野生灌木、垃圾等，运到指定废弃点，严格控制扬尘污染。

（2）排除中分带的积水，应在中分带下埋设排水管，管上铺设一层或数层反滤层土工合成织物，防止细土颗粒淤积堵塞排水通道，然后回填种植土。

2）回填种植土

按照设计文件的规定，须事先从回填土中取出土壤样品，经监理验收，满足要求后，方可进行回填。

3）种植苗木

苗木应选择根系发达、生长茁壮、无病虫害、规格及形态均满足设计要求的植株。根据公路所在地的气候、水文、土质和树木的习性等特点，具体操作规程应满足以下技术要求：

（1）定点放线。

按照设计图纸标出植物的种植地段、种植位置及品种的轮廓，在实地进行准确放样。定点放线的位置，应经设计代表、监理工程师检查认可。

（2）挖掘种植穴。

确定种植穴、槽位置及大小规格后，还应考虑土质因素，树坑一般呈圆柱形开挖；绿篱种植坑一般开挖成长方形沟槽，开挖出的种植穴、槽等规格应得到监理工程师的检查认可。

（3）苗木栽植。

苗木栽植之前，应进行以下内容的检查。

①植苗之前应检查树坑规格，确认合格后浇灌底水，待水全部渗透后，再把经过修剪后的树苗进行栽植。

②各类苗木种植,应选择最适宜的季节,在无风的阴天或多云的天气及时进行栽植。

③根据植物的生长习性,浅根性树种宜浅栽;裸根苗木应浆根后再栽植。

④栽植时应先施基肥、填入熟土、扶正苗木分层填土、轻轻踩实使之紧密,注意带土球种植时不能踩破土球。

⑤防眩树应采取行列栽植,树干或树冠中心保持在规则的直线或曲线上,灌木应使树形好的一面朝向公路,树干上、下保持垂直,树有弯时应顺路的行驶方向,与路平行栽植。

⑥防眩树栽植后应适当修剪枝叶,以达到合适的高度;花灌木栽种后,应整形修剪,保证花灌木栽植后高矮一致、整齐美观。

⑦栽植高篱时,应使株距分布均匀。树形丰满的一面应向外,按苗木高度,树干大小搭配均匀。

⑧栽植上树木之后,应立即浇定根水,浇足浇透,待水全部渗下后及时覆土或封堰,一小时后再浇一次透水。

⑨及时进行水、肥等重点管理。干旱无雨季节,灌木一周内每天早晚各浇一次水,一周后改成每天浇一次水。

5.3 枢纽互通绿化

5.3.1 基本要求

1)苗木要求

(1)绿化用的乔木应选择适应性强、易移植、易管养、枝叶繁茂的树种;花灌木(球)应选择花期长、易管养、耐修剪、对生长环境抗逆性强的植物。

(2)草坪地被应选择生长快、易管养的草坪草;针对互通区水源丰富的地方,可以选择一些具有观赏价值的水生花卉。

2)技术指标

(1)在互通的匝道绿化上,内侧匝道坡面的绿化应比主干道更有观赏性,可在内侧种植低矮的花灌木,避免遮挡视线;外侧匝道坡面主要功能是进行防护,同时可栽植一些高大的乔木作为行道树,诱导视线。

(2)互通区的绿岛绿化、美化、彩化,应选用3~4种乔木作为骨干树种,而有季节变化的若干灌木组成树丛,在不同的绿岛区采用不同的乔灌木树种,可使全线风格协调统一,同时在互通的绿化、美化和彩化中,应充分考虑以后的养护管理。

5.3.2 施工工序及技术要求

1)施工工序

枢纽互通绿化的施工工序如图5-13所示。

图5-13 枢纽互通绿化的施工工序

2）施工要点

（1）场地平整及造型。

根据设计要求对场地进行平整，高坡削平，低塘填土，清除绿地范围内的垃圾。地形施工要求坡面曲线自然和顺，高程满足设计要求，排水顺畅。

（2）种植穴、槽挖掘和换土。

植树树坑应开挖成圆柱形；绿篱种植坑一般为长方形。挖出的表土和底部生土分别堆放，土质不良或不适宜树木生长的土石清理运出，换成优质种植土再进行植树。

（3）起苗。

裸根起苗（适用于休眠状态的落叶乔木和藤本植物）和带土球起苗（适用于常绿树木和生长季节的落叶乔灌木）时，根部土球的规格，落叶乔木根部土球直径大小为其胸径的6~7倍，常绿树木球或裸根苗木根系均为其高度的1/3。按照该规格起出带土球的树木，树木根部要用蒲包、草绳等材料妥善包装、捆绑，有效控制树木土球的松散。

（4）苗木调运。

苗木在搬运时必须以抱起土球为主，用手托起树干来平衡苗木枝干距地面的高度，不得只搬树干，或只滚动土球，做到轻拿轻放，确保土球不松散。

（5）苗木栽植。

苗木栽植前，应检查树坑的规格，然后浇灌底水，待水全部渗透后栽植。

3）乔木和灌木种植

植苗前应检查树坑规格，然后浇灌底水，待水全部渗透后种植。种植应选择在无风的阴天或者多云的天气进行。

（1）行列种植时，要求树干或树冠中心保持一致，常绿树应使树形好的一面朝向公路的主要观赏面，群植、丛植时，植株间树干或树冠的形态应相互协调。

（2）植树后应适当地修剪枝叶。

（3）植树后应做到固土，其半径比树坑半径大20~30cm；苗木种植后应立即浇水，浇足浇透，待水全部渗下后及时覆土和封堰。

（4）实施重点管理，及时进行施肥、浇水。

4）大树移植

（1）大树移植前应进行切根、断根等，促进须根的生长，提前适当修剪，不损树形，提前浇水，保证切根、断根后有充足的水分。

（2）起苗前将树体用绳索或支柱固定。起苗以树干为中心，以干径3~4倍为半径挖掘，挖至土球的1/3~1/2时进行修整，大树的地上部分及地下部分均应包扎，将树枝及树冠扎紧，根部土球包扎缠缚应牢靠。

（3）装卸和运输时，应保证土球受碰撞后不松散，也不能使主干上树皮和枝干受损。

（4）大树移植种植技术，基本与普通树木相同，但是在树坑直径上应比土球大40~50cm，深度比土球高度深20~30cm。

（5）大树移植入坑后，应去除土球的包扎物。回填土时进行分层踩实，分层浇水，然后设立三角支架，填土完成后做好围堰，及时浇透水，并精心进行浇水、施肥等后期抚育管理。

5）中大小灌木移植

（1）中大灌木是指栽植高度在80cm以上的灌木，先量好坑的直径、深度，大于苗木土球的直径与高度。在土球的底部及四周垫少量土固定土球，应尽量提草绳将土球入坑，摆正位置、直立，剪开包装，取出包扎材料，随后边填土边用木棒捣实，不得捣坏土球，继续填土，分层填实，把土填满，随后围堰，并浇水2~3遍。

（2）小灌木指栽植高度在30cm左右的灌木，栽种时须轻拿轻放，不得损伤根系和土球，边散苗边栽植，灌木栽入槽内用细土埋严、拍紧、耧平，在已栽植灌木的周围封堰，及时浇水，保持土壤湿润。

6）地被的栽植

栽植时应保证营养土球完整，实行边挖槽边栽种。覆土时用细土把植物根部的土球埋严，覆土厚度应比土球高2cm左右，拍实、耧平、压实，及时浇水。第一周内保证每天早晚各一次浇水养护，一周后每天进行一次浇水，保持土壤湿度。

5.4 场区绿化

5.4.1 收费站服务区绿化的基本要求

1）苗木要求

（1）乔木的选择上，在服务区一般适用规格较大的苗木，有利于"一次成形"或者短期见效，速生的苗木以胸径3~5cm为宜，缓生树选用胸径13~15cm的大苗木；在收费站中以选择一些小规格的速生苗木为宜。

（2）花灌木的选择上，宜选择易管养、耐修剪、不同季节开花的常绿或落叶树种，同时在针对收费站分车带植物配置的选择上，应该选择低矮、缓生、常青的花灌木植物。

2）技术指标

（1）对于服务区来讲，道路一般采取封闭式或开敞式的绿化方式，乔木的株距往往和乔木的胸径、冠幅相关。

（2）对于收费站来说，分车绿化带有疏植式和绿篱式。

①疏植式具有整齐、通透性良好的效果，植株间距一般以3~5m为宜。

②绿篱式应用低矮缓生、耐修剪和四季常青的灌木植物，修剪高度小于0.5m。

③景观绿化带（收费广场两侧）植物配置的技术方式同服务区的人行道绿化带处相同；办公区一般以景观环境绿化为主。

5.4.2 收费站服务区的施工工序

主要采用大树移植、乔灌木栽植和分隔带施工，具体施工工序及技术要求参照上述的相关部分。

6　高等级公路项目建设声屏障工程

6.1　声屏障主要形式

常见的声屏障有生态式声屏障(可参考附录E中附图E-16)、直立式声屏障(可参考附录E中附图E-17)、折板式声屏障(可参考附录E中附图E-18)和微弧式声屏障(可参考附录E中附图E-19),其中直立式声屏障、折板式声屏障和微弧式声屏障在公路工程中应用较广泛。

6.1.1　生态式声屏障

生态式声屏障由四层吸声、隔音降噪结构组成,第一层为高度为30cm左右的种植植物吸声降噪层,第二层为30~60cm的土壤、细砂石颗粒吸声层,第三层为4cm的密闭空气隔声层,第四层为钢筋混凝土隔音层。

6.1.2　直立式声屏障

常用的直立式声屏障高度为2.0m、2.5m、3.0m、3.5m、4.0m。直立式声屏障组成及主要材质可参考表6-1。

直立式声屏障的组成及主要材质　　表6-1

组件名称		材　质
吸音板	正面百叶窗	铝合金卷板
	背面板	镀锌板
	侧板	镀锌板
	内吸音材料	玻璃棉板
	玻璃棉外包	PET薄膜
	抽芯铆钉	铝合金
	密封胶条	XPE密封弹性胶条
透明板	铝合金框	铝合金
	安全复合玻璃	PVB夹层胶
	连接件	铝合金
	抽芯铆钉	铝合金
	玻璃胶	硅酮玻璃胶

续上表

组件名称		材　质
H 钢立柱	H 钢立柱	Q235
	法兰板	Q235
	柱角	Q235
	盖板	镀锌板
	卡簧	镀锌板
	钻尾自钻螺	—

6.1.3 折板式声屏障

常用的折板式声屏障高度为 3.0m、3.5m、4.0m。折板式声屏障的组成及主要材质可参考表 6-2。

折板式声屏障的组成及主要材质　表 6-2

组件名称		材　质
吸音板	正面百叶窗	铝合金卷板
	背面板	镀锌板
	侧板	镀锌板
	内吸音材料	玻璃棉板
	玻璃棉外包	PET 薄膜
	抽芯铆钉	铝合金
	密封胶条	XPE 密封弹性胶条
透明板	铝合金框	铝合金
	安全复合玻璃	PVB 夹层胶
	连接件	铝合金
	抽芯铆钉	铝合金
	玻璃胶	硅酮玻璃胶
H 钢立柱	H 钢立柱	Q235
	法兰板	Q235
	柱角	Q235
	盖板	镀锌板
	卡簧	镀锌板
	钻尾自钻螺	—

6.1.4 微弧式声屏障

常用的微弧式声屏障高度为 3.0m、3.5m、4.0m。微弧氏声屏障的组成及主要材质可参考表 6-3。

微弧氏声屏障的组成及主要材质　　表 6-3

组件名称		材　质
吸音板	正面百叶窗	铝合金卷板
	背面板	镀锌板
	侧板	镀锌板
	内吸音材料	玻璃棉板
	玻璃棉外包	PET 薄膜
	抽芯铆钉	铝合金
	密封胶条	XPE 密封弹性胶条
透明板	铝合金框	铝合金
	安全复合玻璃	PVB 夹层胶
	连接件	铝合金
	抽芯铆钉	铝合金
	玻璃胶	硅酮玻璃胶
H 钢立柱	H 钢立柱	Q235
	法兰板	Q235
	柱角	Q235
	盖板	镀锌板
	卡簧	镀锌板
	钻尾自钻螺	—

6.2 主要施工方法

直立式声屏障工程、折板式声屏障工程、微弧氏声屏障工程施工工艺可参考本节要求。

修筑于路基上的声屏障基础宜与路基同步修建，不得因其施工而损坏、影响路基的稳固与安全。声屏障的基础施工宜在路基本体成型后、轨道铺设及电缆槽施工前；施工前应查清路基上各类管线的位置；依据声屏障基础尺寸及其在路肩的位置切割开槽，切割开槽时严禁破坏各类管线。采用钻孔施工的时候应确保基础的稳定性，具备条件时宜采用预埋法。本节主要介绍声屏障基础施工常用的钻孔施工法。

6.2.1 钻孔

1）定位

按设计要求标示钻孔位置、型号，若基材上存在受力钢筋，钻孔位置可适当调整，但均应植在箍筋内侧（对梁、柱）或分布筋内侧（对板、剪力墙）。

2）钻孔

（1）钻孔宜用电锤成孔，如遇钢筋宜调整孔位。

（2）钻孔孔径 d 为 4～8mm，小直径钢筋取低值，大直径钢筋取高值，其中 d 为钢筋、螺栓直径。

(3)钻孔有效深度自构件表面坚实的混凝土算起。

(4)钻孔不应设置于构件的保护层或装饰层内。

3)清孔

(1)钻孔完毕,检查孔深、孔径合格后将孔内粉尘用压缩空气吹出,然后用毛刷、棉布将孔壁刷净,再次压缩空气吹孔,应反复进行3~5次,直至孔内无灰尘碎屑,最后用棉布蘸丙酮拭净孔壁,将孔口临时封闭;若有废孔,清净后用植筋胶填实。

(2)钻孔孔内应保持干燥。

4)钢材除锈

钢材锚固长度范围的铁锈、油污应清除干净(新钢筋、螺栓的青色氧化外皮也应除去),并打磨出金属光泽。

5)锚固胶配制

(1)配胶宜用ϕ6mm、ϕ8mm细钢筋棍人工搅拌。

(2)胶应现配现用,每次配胶量不宜大于5kg。

6)植筋

(1)垂直孔植筋将胶直接灌入,捣进孔中即可。

(2)水平孔植筋可用ϕ6mm细钢筋配合托胶板(干净木板)往孔内捣胶,也可让施工人员戴好皮手套,将配好的胶成团塞进或捣进孔内。

(3)钢筋、螺栓可采用旋转或手锤击打方式入孔,手锤击打时,一手应扶住钢筋或螺栓,以保证对中并避免回弹。若先将一较短电锤钻头端部焊接6mm厚小铁板,然后将电锤功能调 为冲击状态,利用电锤的持续冲击力,可克服植筋胶的阻力,快速无回弹地将钢筋送至孔底,大量或大直径植筋推荐采用此方式。

(4)锚固胶填充量应保证插入钢筋后周边有少许胶料溢出。

7)固化、保护

植筋胶有一个固化过程,日平均气温25℃以上12h内不得扰动钢筋,日平均气温25℃以下24h内不得扰动钢筋,若有较大扰动宜重新植筋。

8)检验

植筋后3~4d可随机抽检,检验可用拔拉试验装置作拉拔试验,一般加载至钢材的设计力值。

9)注意事项

孔内尘屑是否清净,钢筋和螺栓是否除锈,胶配比是否准确,是否搅拌均匀,孔内胶是否密实。

6.2.2　焊接

(1)焊接前必须清除焊接区有害物包括铁锈,油污,水分,至显露钢材金属光泽。

(2)自动焊或半自动焊,采用满足国标《熔化焊用钢丝》(GB/T 14957—1994)要求的焊接用钢丝。手动焊接的焊条,采用满足要求的焊条,焊条型号应与钢材相适应。

(3)焊接前应检查并确认所使用的设备工作状态正常,仪表工具良好、齐全、可靠,方可施焊。从事钢梁焊接的焊工必须持有与其工作等级相适应的焊工证书,必须熟悉工艺要求,明确焊接工艺参数。

(4)定位焊前,按照施工图检查焊接坡口尺寸、根部间隙等。定位焊长度、间距及焊脚高度应满足有关规范标准的要求。

(5)主要构件的接缝应用风动砂轮、钢丝轮或钢丝刷进行清理。

(6)在露天环境中采用二氧化碳气体保护焊进行焊接时,应采取防风、防雨措施,二氧化碳气体纯度大于或等于99.99%。

(7)所有焊接的引弧不得在母材的非焊接部位进行,手工焊焊接的引弧应放在焊接坡口内进行。

(8)焊接完毕,所有焊缝必须进行外观检查,不得有裂纹、未熔合、夹渣、未填满弧坑的缺陷。

6.2.3　涂装

1)钢材预处理

表面除锈前应清理表面积水和油污、氧化皮、铁锈等污物,再用干净的压缩空气和毛刷将灰尘清理干净。

2)表面清洁处理

(1)为增强漆膜和钢材的附着力,应对钢材表面进行清洁处理,然后喷砂涂装。

(2)表面清洁工艺流程:用压缩空气吹除表面粉粒,用无油污的干净棉纱、碎布抹净,防止再污染。

3)喷砂除锈

(1)钢构件外表面在涂装前采用喷砂除锈,内部可采用风动工具打磨除锈。

(2)工地现场除锈,工地焊缝附近及破损部位采用风动工具打磨除锈。

(3)除锈等级达到有关规范的要求。

(4)喷砂除锈后,还应对钢材表面进行表面清洁处理。

4)涂装工艺及技术

(1)涂装作业使用高压无气喷涂泵施工,根据选定的涂料性能及配比正确选择喷枪空气压力。

(2)雨天、雾天不能进行室外涂装。

(3)涂层表面应力求光滑、平整,不得有针孔和明显流挂、皱皮、漏涂等弊病发生,面漆应光洁美观,色彩均匀。

(4)漆膜厚度应满足规定要求,最低膜厚需达到规定厚度的85%以上,但不盲目超厚。

(5)对于自由边缘等难以涂装的部位,在高压无气喷涂之前,需用笔刷做1~2遍刷涂。

(6)最后一道油漆工作在各项装饰工作结束后,并在修正种种缺陷后进行。涂装前认真做好清洁工作,喷涂时应注意对有关零件的遮蔽保护。

(7)对涂层进行膜厚管理,底漆及全部涂装完成后,需进行膜厚检测与数据记录。

5)涂装修补

受到损伤的漆膜、梁段接头或其他未涂装的部位,应在安装后进行涂装和修补。

6.2.4 隔音板安装

(1)所有构件由供货商在工厂按照施工设计图纸制作完成,并经过验收合格方可进行现场安装。

(2)所有构件应按照安装图纸绘制标记,说明结构尺寸、编号、位置及制造日期等。

(3)立柱安装。

隔音板立柱安装需符合有关文件的规定。

(4)隔音板安装要点。

①隔音板应以吊装机具安装。

②隔音板安装应逐片调整,使其落于正确的位置。

③隔音板调整完后应予固定,使隔音板固定于正确的位置。

④隔音板在包装、进货、卸货、安装时须小心谨慎,避免碰撞。

6.2.5 声屏障等其他交通安全设施施工

施工时必须采取有效保护措施,防止在建路面污染,尽可能减少声屏障等交安设施施工与路面施工交叉。

7　高等级公路项目建设附属区生活污水处理工程

7.1　生活污水处置总体原则

7.1.1　全过程控制原则

在管理区设置污水集中收集循环利用设施。

高等级公路附属区内所有站点所排放的生活污水必须经过处理达标后排放或回收利用。对生活污水处理装置在选型、设计、施工、验收、使用、维修和保养等各环节的管理应实施全过程控制。

7.1.2　自我管理原则

高等级公路的建设和管理单位除了作为环境管理的对象主动接受国家职能部门的环境管理之外，同时也应作为环境管理的主体实施自我环境管理，建立健全的从领导、职能部门到具体操作人员的自上而下的管理体制，贯彻水污染防治、水资源节约与再生、污水处理装置的设计与改进等相关的环保法律法规和标准，制订完善内部各项管理制度与操作规程，并按照 ISO 14000 国际标准的要求实现环境管理的持续改进。

7.2　未安装生活污水处理设施的附属区

未安装生活污水处理设施的附属区，应在进行现有附属区污水排放量调查和未来污水排放量预测的基础上，针对附属区生活污水的主要污染物和特性，做好污水处理装置的选型和设计，严格按设计要求把住施工质量关，经验收合格后尽快投入使用。

7.2.1　生活污水处理装置的选型及设计原则

(1)必须遵循“同时设计，同时施工，同时投产”的原则。

(2)针对高等级公路附属区分散和排放口多的特点，应尽可能考虑每个附属区的污水集中处理。

(3)高等级公路附属区生活污水处理装置属社区型小型生活污水处理装置，其选型和设计应遵循廉价、高效、适用，低碳、环保、节能、易操作维修、易管理和售后服务完善的原则。

(4)污水处理装置原则上应从交通运输部环境保护中心推荐的产品目录中挑选和采购。

(5)选型和设计应以现有污水排放量和远期污水排放量的预测结果为基础，设计方案需经过环境经济效益评价，以保证其经济性、合理性和持久性。

(6)处理后的“达标污水”不得进入保护性水体，排入自然水体和养殖水体的应达到相应的地表水标准，其设计要求为二级生化处理；直接排入农田的应达到农灌水质标准，其设计要求为一级生化处理或化粪池处理。

(7)靠近城镇的附属区生活污水，应纳入城市下水道管网，由城市污水处理厂集中处理。

(8)生活污水中的食用油、洗车、洗油罐和机修用的机油、汽油和柴油，在设计时应增设一级去油组件，并将其回收作为生活锅炉燃料或与栅栏阻挡的悬浮物一起填埋到经过论证的地点。

7.2.2 生活污水处理装置的安装施工

1)一般规定

(1)严格执行合同要求，选择有资质、有能力、信誉好的施工单位，严格按照设计文件和技术规范的要求组织施工。

(2)实行社会监理制度，由专职环保监理工程师负责施工质量、工程进度和计量支付。

(3)任何单位和个人均不得随意修改设计。必须变更时应严格按照基建程序的规定进行。

(4)施工过程中应严格控制，不能对周围生态环境造成二次破坏；不能对周围生活区和生产区以及敏感点造成二次污染(包括噪声、粉尘和垃圾等)。

2)安装施工工艺

高等级公路生活污水处理工艺种类很多，常见的有以下三种。

(1)无动力型(埋地式无动力生活污水处理装置)。

污水处理流程：污水→隔栅→调节池→隔油池→厌氧沉淀池→厌氧生物滤池(生物转盘)→接触氧化沟→出水。适用于远离城市的偏僻站点，主要特点是整个装置可置于地下，投资较少，运行过程不耗能，营运费用低，管理方便。不足之处是占用地下空间大，处理效果较差，在对出水水质要求不高时可选用。

(2)有动力型(有动力强制生化氧化污水处理设施装置)。

污水处理流程：污水→隔栅→调节池→初沉池→曝气池(SBR、氧化沟)→二沉池→硝化池→出水。适用于受纳水体附近站点，主要特点是占地面积小，管理方便，对自控要求较高，处理效果较好。但造价比无动力高，难以维修，抗水冲击能力差，不耐腐蚀。

(3)自然条件下的生物处理法。

自然条件下的生物处理包括氧化塘、污水灌溉和土壤处理。由于高等级公路附属区多处于偏僻地带，土地较为便利，采用自然的生物处理法处理污水，可以在处理污水的同时获得一定的生态环境效益。

7.2.3 生活污水处理装置的验收

高等级公路生活污水处理装置建成投入使用前，应进行专项验收。具体验收办法地方交通主管部门可遵循国家和行业的有关法律法规和标准规范等制订。验收前应进行处理装置的验收监测,并作为正式验收的重要依据。验收时,除了按照技术文件的要求逐项检查外,还应了解装置是否经过调试和试运行,是否满足现行处理负荷和未来处理负荷,用户是否具备了使用条件,用户是否感到操作方便,文件资料是否移交等情况。

7.3　已安装生活污水处理设施的附属区

7.3.1　建立健全管理机构

高等级公路管理单位内部应设置相应的公路环境管理机构,落实专职或兼职的管理人员,建立健全各项管理制度,建立符合“持续改进”理念的环境管理模式。

7.3.2　注重装置的日常维护保养

提高管理和操作维护人员的业务水平,组织人员参加交通运输部环境保护中心举办的公路生活污水处理技术培训班,做到人员持证上岗。保持同装置供应商的密切联系,要求其提供用户培训、维修等售后服务,并按要求做好定期维护保养。

7.3.3　定期监测污水排放指标

对排放指标做到定期监测,及时掌握处理装置的工作状态,为维护保养和技术改造提供科学依据。

7.3.4　加强污水处理装置的文档管理

对生活污水处理文档(包括装置和设备技术资料、相关批文和文件、排放水质环境数据、岗位责任制、装置维修登记表、运行费用登记表、技术改造(升级)登记表、自身环境管理模式记录表、向上级主管部门汇报情况的报表及反馈等)应指派专职或兼职人员进行规范的管理。

8　高等级公路项目建设桥面径流处理工程

8.1　一般规定

(1)公路建设应特别重视对饮用水水源地的保护,路线设计时,应尽量绕避饮用水水源保护区。为防范危险化学品运输带来的环境风险,对跨越饮用水水源二级保护区、准保护区和二类以上水体的桥梁,在确保安全和技术可行的前提下,应在桥梁上设置桥面径流收集系统,并在桥梁两侧设置沉淀池,对发生污染事故后的桥面径流进行处理,确保饮用水安全。

(2)采用合理的径流污染控制措施,可综合考虑植被控制、氧化塘、渗流系统、沉淀池、人工湿地等工程设计方案。

(3)在受地形影响的桥隧相接路段,可以结合桥梁主体排水系统设计,在桥梁纵向收集系统设计上考虑在纵向过程中分段设置一定的应急收集池,分散终端应急处理容量,这样可减小在终端处理地形受限的缺陷,而且对后续检修等也更方便。

(4)桥面径流处理设计应借鉴低碳节能理念,针对一些缺水区域,可以结合桥面径流等设置的收集池,考虑雨水综合利用。在没有发生危险化学品泄漏事故的前提下,桥面径流可通过沉淀处理后对沿线进行绿化养护,节约水资源。

(5)具备条件的应设置桥梁、路面污水收集处理系统。

8.2　桥面排水系统设计要点

(1)根据桥梁跨越敏感水体的情况和路线的纵坡,确定桥面径流收集范围和排水的流向,一般桥面径流可通过桥上泄水管的三通管件与桥下纵向排水管连接。

(2)桥面径流通过纵向排水管,收集至桥头,然后通过竖向排水管至沉淀池中。

(3)纵向排水管的功能是在桥梁路段发生危险品运输事故时收集事故径流,在未发生事故时,桥面雨水会通过纵向排水管排放至桥头沉淀池。

(4)为保证雨天桥面不积水,纵向排水管的材质、管径、坡度应满足在一定时间内排除一定强度下降水的能力。

(5)根据《公路排水设计规范》(JTG/T D33—2012)计算排水管渠的流量和排水管渠的流速,然后选定合适的桥面径流管径和纵坡。

8.3　一般径流处理方式

8.3.1　收集沉淀池

(1)收集沉淀池具有沉淀和隔油功能,可对雨水进行物理处理,同时兼具应急事故缓冲功能。

（2）收集池的池底和池壁应采用浆砌片石，池底应进行防渗处理，以免发生事故泄漏时污染物下渗，引起二次污染。

（3）收集沉淀池周围应设置隔离栅，避免人、畜进入或落入水池中。

（4）收集沉淀池应设有管道排空阀、溢流管等必要的装置，没有下雨时应及时排空沉淀池的水，清除沉淀物，避免暴雨时，积累沉淀的污染物溢出，污染水体。

（5）从防范措施的性质而言，对敏感水体路段桥面径流的收集与处理仅是一种被动的处理措施，主要起到截流、收集的作用，其效果取决于降雨量、泄露危险化学品的种类、数量、气象条件等诸多因素。

8.3.2　氧化塘

（1）高等级公路采用长大桥梁跨越水源保护路段时，路线较长导致桥面纵向排水管管径过大时，可沿路线一侧设置氧化塘，对桥面纵向排水管进行分段设置，将桥面径流通过排水管引至氧化塘中。

（2）氧化塘处理法能较好的适应公路路面雨水间断、突变、不确定和不均匀性等特点，氧化塘的设计停留时间为 14d 左右。

（3）用生物氧化塘处理路面初期雨水，这种方法结合生态工程，可达到工程占地少、净化的污水也可作为再生资源予以回收再用，使污水处理与利用结合起来，实现污水处理资源化，能较好的适用于高等级公路水环境敏感路段。

8.3.3　人工湿地

（1）人工湿地是一种绿色环保处理桥面径流的措施，主要通过湿地中的基质、植物、水体、好氧或厌氧微生物将污水中的污染物去除或净化。

（2）人工湿地分为表面流湿地、潜流湿地、复合垂直流湿地等。

①表面流湿地。

表面流湿地与地表漫流土地处理系统非常相似，不同的是：

A.在表面流湿地系统中，四周筑有一定高度的围墙，维持一定的水层厚度（一般为 10～30cm）。

B.湿地中种植挺水型植物（如芦苇等）；向湿地表面布水，水流在湿地表面呈推流式前进，在流动过程中，与土壤、植物及植物根部的生物膜接触，通过物理、化学以及生物反应，污水得到净化，并在终端流出。

②潜流式湿地。

一般由两级湿地串联、处理单元并联组成。湿地中根据处理污染物的不同而填有不同介质，种植不同种类的净化植物。水通过基质、植物和微生物的物理、化学和生物的途径共同完成系统的净化，对 BOD、COD、TSS、TP、TN、藻类、石油类等有显著的去除效率；此外该工艺独有的流态和结构形成的良好的硝化与反硝化功能区，其对 TN、TP、石油类的去除明显优于其他处理方式，主要包括内部构造系统、活性酶体介质系统、植物的培植与搭配系统、布水与集水系统、防堵塞技术、冬季运行技术。

③垂直流湿地。

污水由表面纵向流至床底，在纵向流的过程中污水依次经过不同的专利介质层，达到净化的目的。垂直流湿地具有完整的布水系统和集水系统，其优点是占地面积较其他形式湿地小，处理效率高，整个系统可以完全建在地下，地上可以建成绿地和配合景观规划使用。

(3)人工湿地可利用现场地形条件，如凹地、鱼塘等改造而成，收集沉淀池、路面径流处理池排出的径流可注入人工湿地。

(4)湿地中种植水生植物如挺水植物芦苇、漂浮植物凤眼莲、浮叶植物睡莲、沉水植物狐尾藻等，可进一步净化处理污水，同时增添公路的生态景观。

(5)人工湿地系统中植物的选择一般应选用当地或本地区天然湿地中存在的植物。

(6)人工湿地上可选种一些具备净化效果和一定经济价值较高的水生植物，在污水处理的同时产生经济效益。

附录 A

环境保护文件

环境保护内业资料　　　　附表 A-1

序　　号	文件名称	备　　注
1	建筑施工场地示意图(各种污染源位置及周围环境)	
2	施工工地环境保护审批表	
3	施工现场环境保护措施	
4	环境保护工作自我保障体系网络图	
5	施工现场环保员职责	
6	工地使用作业队伍基本情况	
7	环境保护教育考核记录	
8	环保活动及自检整改记录	
9	噪声自我监控记录	
10	环境污染隐患通知单	
11	环境污染罚款通知单	
12	环境保护文件	

施工工地环境保护审批表　　附表 A-2

施工单位		地址	
负责人		电话	
施工地点		工地负责人	
工程名称		工地电话	
建设单位		建设单位地址	
建设单位联系人		联系电话	
工程造价		总建筑面积	
开工日期		计划竣工日期	

工程内容	

<table>
<tr><td rowspan="5">主要施工机械</td><td>名称</td><td>台数</td><td>有何措施</td><td rowspan="5">主要燃煤设备</td><td>名称</td><td>型号</td><td>台数</td></tr>
<tr><td></td><td></td><td></td><td></td><td></td><td></td></tr>
<tr><td></td><td></td><td></td><td></td><td></td><td></td></tr>
<tr><td></td><td></td><td></td><td></td><td></td><td></td></tr>
<tr><td></td><td></td><td></td><td></td><td></td><td></td></tr>
</table>

施工现场及周围示意图：

<table>
<tr><td rowspan="8">工程进展</td><td>工序名称</td><td>计划工期</td><td>备注</td></tr>
<tr><td>基础</td><td></td><td></td></tr>
<tr><td></td><td></td><td></td></tr>
<tr><td>结构</td><td></td><td></td></tr>
<tr><td></td><td></td><td></td></tr>
<tr><td>装修</td><td></td><td></td></tr>
<tr><td></td><td></td><td></td></tr>
<tr><td>其他</td><td></td><td></td></tr>
</table>

续上表

<table>
<tr><td colspan="4">施工现场环保措施：</td></tr>
<tr><td colspan="4">环保部门意见：</td></tr>
<tr><td colspan="4">说明：
施工单位应按市建委颁发的施工环境保护规定采取有效措施，保护环境及周围居民正常生活不受影响。
此表在开工前15d由施工单位填报，一式两份，经环保部门审批同意后，一份交环保部门，另一份存工地备查。
各项内容应如实填写，提出的环保措施及环保部门要求应认真执行，如有重大变化应及时与环保部门联系。
每个施工阶段开始前与环保部门联系检测。</td></tr>
<tr><td>申报地址</td><td colspan="3"></td></tr>
<tr><td>联系人</td><td></td><td>电话</td><td></td></tr>
</table>

附录 B

重要环境因素清单

环 境 因 素		活动点/工序/部位	环境影响	时态/状态	管理方式
固体废弃物	废混凝土排放	混凝土工程	污染土地	现在/正常	运行控制
		砌体工程	污染土地	现在/正常	运行控制
		冲击钻孔桩施工	污染土地	现在/正常	运行控制
		人工挖孔桩施工	污染土地	现在/正常	运行控制
	剩余材料丢弃	水泥及其制品	污染土地	现在/正常	运行控制
	废油手套、油面纱丢弃	路基施工	污染土地	现在/正常	运行控制
		冲钻孔清渣	污染土地	现在/正常	运行控制
		土石外运	污染土地	现在/正常	运行控制
		其他一般施工机械使用维修保养	污染土地	现在/正常	运行控制
		施工机械运转使用、维护、保养	污染土地	现在/正常	运行控制
	油刷、抹布、漆桶废弃	施工机械运转使用、维护、保养	污染土地	现在/正常	运行控制
	废纸、电池、墨、硒鼓、日光灯排放	办公室	污染土地	现在/正常	运行控制
	生活垃圾废弃	食堂	污染土地	现在/正常	运行控制
液体废弃物	机械漏油	路基施工	污染土地	现在/正常	运行控制
	润滑油、废机油排放	临时设施建设	污染土地	现在/正常	运行控制
		路基施工	污染土地	现在/正常	运行控制
		试块制作室	污染土地	现在/正常	运行控制
		冲钻孔清渣	污染土地	现在/正常	运行控制
		土石外运	污染土地	现在/正常	运行控制
	酸碱和其他废液排放	化学试验室	污染土地	现在/正常	运行控制
	混凝土添加剂排放	混凝土工程	污染土地	现在/正常	运行控制
	酸液挥发气体排放	化学试验室	污染土地	现在/正常	运行控制
	可溶性重金属排放	油漆涂料	污染土地	现在/正常	运行控制
		化工产品(胶水、稀释剂、氯气乙炔、乙醇、松节油、炸药、石油制品等)	污染土地	现在/正常	运行控制
	油漆、涂料滴漏	油漆材料	污染土地	现在/正常	运行控制
	胶水、稀释剂滴漏、挥发	化工产品(胶水、稀释剂、氯气乙炔、乙醇、松节油、炸药、石油制品等)	污染土地	现在/正常	运行控制
	危险化学试剂泄漏、挥发	化工产品(胶水、稀释剂、氯气乙炔、乙醇、松节油、炸药、石油制品等)	污染土地	现在/正常	运行控制
	油污泄漏	施工机械安装拆除	污染土地	现在/正常	运行控制
	机械维修保养油渣排放	施工机械运转使用、维护、保养	污染土地	现在/正常	运行控制

续上表

环境因素		活动点/工序/部位	环境影响	时态/状态	管理方式
气体废弃物	酸液挥发气体排放	化学试验室	危害人体健康	现在/正常	运行控制
	胶水、稀释剂滴漏、挥发	化工产品(胶水、稀释剂、氯气乙炔、乙醇、松节油、炸药、石油制品等)	危害人体健康	现在/正常	运行控制
	危险化学试剂泄漏、挥发	化工产品(胶水、稀释剂、氯气乙炔、乙醇、松节油、炸药、石油制品等)	危害人体健康	现在/正常	运行控制
	沥青施工时气体排放	防水保温材料	危害人体健康	现在/正常	运行控制
	生活油烟排放	食堂	危害人体健康	现在/正常	运行控制
火灾	模板房火灾	模板工程	污染大气	将来/紧急	运行控制
	危险化学品泄漏火灾	化学试验室	污染大气	将来/紧急	运行控制
	易燃物品火灾	化工产品(胶水、稀释剂、氯气乙炔、乙醇、松节油、炸药、石油制品等)	污染大气	将来/紧急	运行控制
	沥青引起火灾	防水保温材料	污染大气	将来/紧急	运行控制
	易燃物品火灾	塑料及橡胶制品	污染大气	将来/紧急	运行控制
	液化气泄漏火灾	食堂	污染大气	将来/紧急	运行控制
	危险品泄漏火灾	仓库	污染大气	将来/紧急	运行控制
自然灾害	突然的狂风、沙尘暴、暴雨、地震等	混凝土工程	影响人身安全	将来/紧急	应急预案
		冲击钻孔桩施工	影响人身安全	将来/紧急	应急预案
		人工挖孔桩施工	影响人身安全	将来/紧急	应急预案
		办公室	影响人身安全	将来/紧急	应急预案

附录 C

项目建设环境影响公众参与调查表

项目建设环境影响公众参与调查表（个人）　　　附表 C-1

<table>
<tr><td colspan="2">项目名称</td><td colspan="2"></td><td colspan="2">建设单位</td><td colspan="2"></td></tr>
<tr><td colspan="2">建设地点</td><td colspan="2"></td><td colspan="2">建设时间</td><td colspan="2"></td></tr>
<tr><td colspan="2">工程概况</td><td colspan="6">工程地理位置、走向、起讫点、车道数等信息</td></tr>
<tr><td colspan="2">主要环境影响</td><td colspan="6">生态环境、农田、空气、噪声、环境敏感点等环境影响</td></tr>
<tr><td colspan="8">公众参与调查表</td></tr>
<tr><td>姓名（选填）</td><td></td><td>性别</td><td></td><td>年龄</td><td></td><td>文化程度</td><td></td></tr>
<tr><td>家庭住址</td><td colspan="5"></td><td>家庭人口</td><td></td></tr>
<tr><td>房屋类型</td><td colspan="7">□2、3 层农村房屋　□多层（老房屋）　□新建住宅　□其他________</td></tr>
<tr><td>房屋年龄</td><td></td><td colspan="2">您与本项目关系</td><td colspan="4">□属拆迁户　　□距现有路边线__ m</td></tr>
</table>

1.项目建设对您影响最大的是：

□拆迁　□噪声　□振动　□汽车尾气　□交通通行　□无

2.如您是拆迁住户，您希望：

□不能拆迁　□愿意拆迁，但需按相关规定给予拆迁补偿　□无所谓

3.您认为现有的环境问题主要是（可多选）：

□噪声　□振动　□汽车尾气　□其他　□基本没有

4.项目施工期间，您觉得下列哪些问题对您的生活有影响（可多选）：

□机械噪声　□施工扬尘　□施工车辆造成现有道路拥挤

5.对于项目建设带来的噪声影响，您希望采取以下哪种措施予以缓解（可多选）：

□房屋安装隔声门窗　□铺设低噪声路面　□限速等管理措施　□合理的位置设置声屏障　□其他

6.您对项目建设持何态度：

□坚决支持　□有条件赞成　□无所谓　□反对

反对原因：

7.其他建议和要求：

年　　月　　日

项目建设环境影响公众参与调查表(单位或团体)　　附表 C-2

<table>
<tr><td>项目名称</td><td colspan="2"></td><td colspan="2">建设单位</td><td></td></tr>
<tr><td>建设地点</td><td colspan="2"></td><td colspan="2">建设时间</td><td></td></tr>
<tr><td>工程概况</td><td colspan="5">工程地理位置、走向、起讫点、车道数等信息</td></tr>
<tr><td>主要环境影响</td><td colspan="5">生态环境、农田、空气、噪声、环境敏感点等环境影响</td></tr>
<tr><td colspan="6">公众参与调查表</td></tr>
<tr><td>单位名称</td><td colspan="2"></td><td>单位性质</td><td colspan="2"></td></tr>
<tr><td>单位人数</td><td colspan="2"></td><td>单位地址</td><td colspan="2"></td></tr>
<tr><td colspan="6">1.项目建设对贵单位影响最大的是：
□拆迁　□噪声　□振动　□汽车尾气　□交通通行　□无
2.您认为现有的环境问题主要是(可多选)：
□噪声　□振动　□汽车尾气　□其他　□基本没有
3.项目施工期间,您觉得下列哪些问题对贵单位的生活有影响(可多选)：
□机械噪声　□施工扬尘　□施工车辆造成现有道路拥挤
4.对于项目建设带来的噪声影响,贵单位希望采取以下哪种措施予以缓解(可多选)：
□房屋安装隔声门窗　□铺设低噪声路面　□限速等管理措施　□合理的位置设置声屏障　□其他
5.贵单位对项目建设持何态度：
□坚决支持　□有条件赞成　□无所谓　□反对
反对原因：
6.其他建议和要求：

年　月　日</td></tr>
</table>

附录 D

内蒙古自治区高等级公路主要绿化适用植物名录

苗木名称	形　态	花　期	主要生态习性
云杉	常绿乔木	5 月	耐荫,耐寒,喜欢凉爽湿润的气候和肥沃深厚、排水良好的微酸性沙质土壤,生长缓慢,浅根性树种
白扦	常绿乔木	4~5 月	耐荫,耐寒,喜深厚肥沃排水良好的土壤,在中性及微酸性土壤上长生良好,也可以在微碱性土壤中生长,不耐积水,生长慢,寿命长
青扦	常绿乔木	5 月	耐阴性强,喜凉爽湿润气候,适应力强,喜微酸性土壤
樟子松	常绿乔木	5~6 月	强阳性,耐寒,耐干旱耐瘠薄,深根性,抗风沙
油松	常绿乔木	4~5 月	适应干冷气候,喜中性土,耐瘠薄,喜光,深根性
刺槐	落叶乔木	5 月	阳性,适应性强,浅根性,生长快
旱柳	落叶乔木	—	阳性,耐寒,耐旱,耐水湿,速生
千头椿	落叶乔木	—	喜光、耐寒、耐旱、耐瘠薄、耐轻度盐碱
锦带花	落叶灌木	5~6 月	喜温暖、湿润,也耐寒,耐旱,喜阳光充足,也稍耐阴,性强健,对土壤要求不严
丹东桧	常绿乔木	—	性喜光,耐寒,对土壤要求不严,萌芽力强,耐修剪,易移植
垂柳	落叶乔木	—	阳性,喜温暖及水湿,耐旱,速生
馒头柳	落叶乔木	—	阳性,喜温凉气候,耐污染,速生,耐寒,耐湿,耐旱
蒙古栎	落叶乔木	5~6 月	蒙古栎适应较广的土壤类型,多生长在酸性或微酸性较肥沃的暗棕色森林土和棕色森林土上
山桃	落叶乔木	3~5 月	阳性,耐寒,耐干旱,不耐涝,抗盐性较强
紫叶李	落叶小乔木	3~4 月	喜光、喜温暖湿润,喜肥沃、耐湿
垂榆	落叶小乔木	10 月	喜光,抗干旱,耐盐碱,耐土壤瘠薄,耐寒,不耐水湿,根系发达,对有害气体有较强的抗性
火炬树	落叶小乔木	6~7 月	适应性极强,喜温耐旱,抗寒,耐瘠薄盐碱土壤。根系发达,根萌蘖力强,是良好的护坡、固堤、固沙的水土保持和薪炭林树种
柽柳	落叶小乔木	—	喜光,耐寒,耐热,抗风,耐盐碱土,耐干又耐湿,深根性,根系发达,萌芽力强,耐修剪,生长快
杜松	常绿小乔木	—	性喜光,稍耐阴,耐寒,喜冷凉气候,对土壤要求不严,耐干旱瘠薄,陡壁岩隙间皆能生长
珍珠梅	落叶灌木	6~8 月	耐阴,耐寒,对土壤要求不严,萌蘖性强

续上表

苗木名称	形　态	花　期	主要生态习性
连翘	落叶灌木	4~5月	阳性,耐半阴,耐寒,抗旱,不耐水渍
沙棘	落叶灌木	4月	喜光,耐寒,抗风沙,适应性强
猬实	落叶灌木	5~6月	性喜光,耐寒、耐旱,喜温凉湿润环境,怕水涝和高温
胡枝子	落叶灌木	7~9月	阳性,耐寒,耐干旱瘠薄
朝鲜黄杨	常绿灌木	—	中性,耐寒性强
紫穗槐	落叶灌木	5~6月	阳性,耐水湿,干旱瘠薄和轻盐碱土,抗风沙,抗污染
榆叶梅	落叶灌木	4月	耐寒,耐旱,喜光,对土壤的要求不高,但不耐水涝,喜中性至微碱性、肥沃、疏松的沙土
黄刺玫	落叶灌木	5~6月	喜光,稍耐阴,耐寒力强,对土壤要求不严,耐干旱和瘠薄,在盐碱土中也能生长,不耐水涝
红端木	落叶灌木	5~6月	性耐寒,喜湿润,半阴及肥沃土壤,生命力强,适应性广
紫叶小檗	落叶灌木	—	中性,耐寒,叶常年紫红,秋果红色
美人蕉	多年生草本	5~11月	性喜温暖湿润,畏强风和霜害,对氯气及二氧化硫有一定抗性,适合于污染区栽种
柳叶绣线菊	落叶灌木	6~8月	喜光,耐寒,喜肥沃湿润土壤,不耐干旱瘠薄
丁香	落叶灌木	4~5月	弱阳性,耐旱,忌低湿
铺地柏	常绿灌木	—	阳性树,耐寒,耐瘠薄,在砂地及石灰质壤土上生长良好,忌低温,萌生力较强
杜鹃	常绿或半常绿灌木	6~10月	喜温暖湿润气候,抗污染,对土壤要求不严,管理粗放
沙地柏	常绿灌木	—	阳性,耐寒,极耐干旱,生长迅速,耐瘠薄,耐盐碱
偃伏梾木	落叶灌木	5~6月	喜光,耐旱,生长快,抗性强
丰花月季	落叶灌木	四季	对环境适应性强,耐寒,对土壤要求不严
五叶地锦	落叶灌木	—	喜光,稍耐阴,耐瘠薄土壤,适应性强,攀缘在墙面生长,速生
爬山虎	落叶灌木	—	喜荫,耐寒,对土壤及气候适应能力强,生长快,抗污染,借助吸盘爬上墙壁或山石,收到良好效果
苜蓿	多年生草本	—	抗旱,耐寒,耐贫瘠,喜温暖半干旱气候
白三叶	多年生草本	—	耐热、抗寒、耐荫、耐瘠、耐酸,适应性强
柠条	半常绿灌木或小乔木	5~6月	耐寒,耐修剪,生长慢,对有害气体抗性强

附录 E

典型示意图

附图 E-1　施工工地环保标语

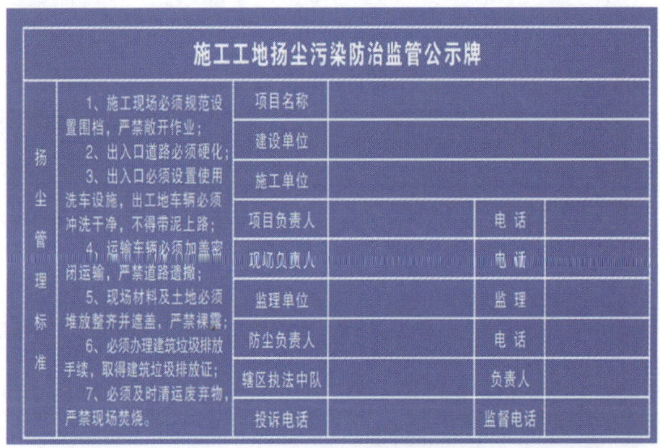

附图 E-2　施工工地扬尘污染防治监督公示牌

附图 E-3　施工便道洒水

附图 E-4　混凝土拌和站沉淀池

附图 E-5　降噪声屏障

附图 E-6　集料水洗装置

附图 E-7　排水急流槽

附图 E-8　环保生态厕所

附图 E-9　边坡混凝土格网植草防护

附图 E-10　边坡草皮移植防护

附图 E-11　边坡液压喷播效果图

附图 E-12　边坡挂网喷播防护

附图 E-13　边坡植生带防护

附图 E-14　边坡土工格栅防护

附图 E-15　中央分隔带绿化

附图 E-16　生态式声屏障

附图 E-17　直立式声屏障

附图 E-18　折板式声屏障

附图 E-19　微弧式声屏障

责任编辑：司昌静　钱　堃

内蒙古自治区高等级公路建设施工标准化指南系列

内蒙古自治区高等级公路建设施工标准化指南　第一分册　工地建设
内蒙古自治区高等级公路建设施工标准化指南　第二分册　工地试验室
内蒙古自治区高等级公路建设施工标准化指南　第三分册　路基工程
内蒙古自治区高等级公路建设施工标准化指南　第四分册　路面工程
内蒙古自治区高等级公路建设施工标准化指南　第五分册　桥梁工程
内蒙古自治区高等级公路建设施工标准化指南　第六分册　隧道工程
内蒙古自治区高等级公路建设施工标准化指南　第七分册　交通安全设施
内蒙古自治区高等级公路建设施工标准化指南　第八分册　房建工程
内蒙古自治区高等级公路建设施工标准化指南　第九分册　安全生产
➤ 内蒙古自治区高等级公路建设施工标准化指南　第十分册　环　保
内蒙古自治区高等级公路建设施工标准化指南　第十一分册　管　理

ISBN 978-7-114-12948-3
网上购书/www.jtbook.com.cn
定　价：22.00元

内蒙古自治区高等级公路建设施工标准化指南系列

内蒙古自治区高等级公路建设施工标准化指南

第七分册　交通安全设施

内蒙古自治区交通运输厅
中　国　公　路　学　会　　　　　　　　　　　　2015年12月

人民交通出版社股份有限公司
China Communications Press Co.,Ltd.